青少年
人工智能实战

张泽治　刘名卓◆主编

基础篇

北京航空航天大学出版社
BEIHANG UNIVERSITY PRESS

内 容 简 介

本书从人工智能时代说起，通过项目学习（PBL）的方式由浅入深地剖析图像处理、人脸聚类、语音识别、人脸签到、慧眼识人、自动驾驶小车等人工智能的相关应用案例，并在此基础上推出 5 个生动有趣的典型综合实践项目——裸眼 3D、无人机＋智慧农业、创建自己的语音识别库、语音播报智能垃圾桶、垃圾分类机器人。本书项目在实施过程中，依托人工智能学习网站、拖拽式积木编程、Python 编程等软硬件相结合的形式，引领读者轻松学习深奥的人工智能知识，让他们在体验人工智能学习乐趣的同时，进一步培养其人工智能的意识和能力。

本书可作为青少年学习人工智能知识和开展人工智能实验的基础用书，也可作为人工智能爱好者的自学读物。

图书在版编目（CIP）数据

青少年人工智能实战. 基础篇 / 张泽治，刘名卓主编. -- 北京 ：北京航空航天大学出版社，2022.5
ISBN 978 - 7 - 5124 - 3807 - 1

Ⅰ. ①青… Ⅱ. ①张… ②刘… Ⅲ. ①人工智能—青少年读物 Ⅳ. ①TP18 - 49

中国版本图书馆 CIP 数据核字（2022）第 081240 号

青少年人工智能实战（基础篇）
张泽治　刘名卓　主　编
策划编辑　刘　扬　责任编辑　孙玉杰
*
北京航空航天大学出版社出版发行
北京市海淀区学院路 37 号（邮编 100191）　http://www.buaapress.com.cn
发行部电话：(010)82317024　传真：(010)82328026
读者信箱：qdpress@buaacm com　.邮购电话：(010)82316936
保定市中画美凯印刷有限公司印装　各地书店经销
*
开本：787×1 092　1/16　印张：13.75　字数：262 千字
2022 年 6 月第 1 版　2022 年 6 月第 1 次印刷
ISBN 978 - 7 - 5124 - 3807 - 1　定价：68.00 元

编写委员会

主　　任：姜学环

副主任：张青海　唐　超　郭　辉

主　　编：张泽治　刘名卓

副主编：王晓峰　黄　涛　吴　昭

编　　者：王　敏　高媛媛　郭君芳　郭春蕾

　　　　　李晓冉　孙文文　尉玉秀　孔　蕾

　　　　　张成伟　兰明慧　胡保峰　何　贤

　　　　　迟云军　高　山　尹　默　朱　辉

　　　　　于兆波　张晓龙

序　言

当前，人工智能正深刻改变着各行各业的原有面貌，使原本烦琐的工作变得更加轻松、便捷。人脸识别、语音输入、健康监测正被越来越多的人接受、使用，许多想象中的科技生活正一步步向我们走来。不可否认，人工智能的发展已是大势所趋，也许在你还没反应过来的时候，智能技术带来的惊喜已让你感到"措手不及"。

人工智能在教育领域的应用显然会受到更大的挑战。因为，教育不能仅仅追求效率、提供便利，更要为学习者提供美好的学习体验，提高学习者的能力素质。这就需要遵循教育规律，突破教育瓶颈，创设新的教育场景，实现人自由、自主、个性的发展，最终实现人的全面发展。

近年来我国出台了一系列的政策来促进和保障人工智能教育的发展。2017年7月国务院印发的《新一代人工智能发展规划》中要求，逐步开展全民智能教育项目，在中小学阶段设置人工智能相关课程、逐步推广编程教育、建设人工智能学科，形成我国人工智能人才高地。2019年5月国家主席习近平在给国际人工智能与教育大会的贺信中指出，中国高度重视人工智能对教育的深刻影响，积极推动人工智能和教育深度融合，促进教育变革创新，充分发挥人工智能优势，加快发展伴随每个人一生的教育、平等面向每个人的教育、适合每个人的教育、更加开放灵活的教育。2019年10月，中国共产党第十九届中央委员会第四次全体会议通过的《中共中央关于坚持和完善中国特色社会主义制度、推进国家治理体系和治理能力现代化若干重大问题的决定》在构建服务全民终身学习的教育体系中指出，发挥网络教育和人工智能优势，创新教育和学习方式，加快发展面向每个人、适合每个人、更加开放灵活的教育体系，建设学习型社会。由此可见人工智能教育在我国国家战略中的重要意义。

同时,不少教育工作者、研究人员也在思考着如何将人工智能教育在青少年教育中落地。2021 年 10 月中国教育学会中小学信息技术教育专业委员会发布的《中小学人工智能课程开发标准(试行)》中包含了课程性质、课程理念、课程定位、培养目标等内容,详细说明了青少年在中小学阶段会学习什么样的人工智能课程、为什么要学习、最终要实现什么样的目标。在这样的标准指引和研究的基础上,山东省青岛市崂山区的信息技术教研团队从实践出发,编写了《青少年人工智能实战》(基础篇、应用篇)。本套书通过项目学习的方式由浅入深地剖析图像处理、语音识别、人脸聚类、无人驾驶等人工智能的相关应用案例,内容翔实、案例丰富。广大青少年读者、一线教师和普通学校都能或多或少从中获益。

　　对于广大青少年读者来说,书中的应用案例与实践项目均来自生活实际,每一部分内容都需要读者动手体验,完成挑战。读者在学习人工智能相关知识的同时,可以探索智能技术的创新应用,从而培养高阶思维能力。

　　对于一线教师来说,书的字里行间体现出编委团队日常在指导人工智能实践过程中的经验和对人工智能教育的思考。书中的每个案例,均经过编委团队的反复推敲和实验,保证了内容的科学性和准确性,使一线教师可以快速上手指导人工智能实践。

　　对于普通学校来说,书中纳入了多种硬件和软件平台,软件方面尽可能选择开放的、容易获取和上手的平台,硬件方面尽可能选择质优价廉的。这样即便是条件有限的学校,也能使用本套书开展基础的人工智能实践活动,普惠更多青少年。

　　未来已来,人工智能蕴含着的巨大能量必将对教育产生变革性影响,而如何使这股能量产生正向的推力,使教育发生良性的变革,需要广大教育工作者一起携手努力。

2022 年 1 月 23 日

前 言

人工智能（Artificial Intelligence）在全球范围内迅速发展，正在深刻改变着人们的生活和思维方式，为社会发展开启新的范式。国务院印发的《新一代人工智能发展规划》中明确提出要加快人工智能创新应用。文件要求："开展智能校园建设，推动人工智能在教学、管理、资源建设等全流程应用""广泛开展人工智能科普活动""实施全民智能教育项目，在中小学阶段设置人工智能相关课程，逐步推广编程教育"。这表明国家在战略层面上对基础教育阶段的教育提出了面向新时代的要求，任务明确而艰巨。

对各位青少年朋友而言，人工智能的学习是一个由浅入深的系统过程，要想在未来人工智能海洋中畅游，需要具备算法思维和解决问题的能力。本书结合青少年学科知识结构和认知能力，经过四至八年级各学段骨干教师的课堂实践，在高校及科研院所专家的指导下，形成完整的课程体系，由编者汇总编写而成。

本书将专业化的人工智能技术融入项目式实战中，以生活化的应用为主线，将人工智能内容结构化，注重青少年能力导向，训练其探索意识能力和实践能力。每部分除了提供必要的知识内容，还会通过让读者完成一些生动有趣的小案例，使其在动手实践中体验和感悟人工智能知识。在实践应用环节编者尽量提供开源平台、商业平台、硬件资源三种方案供读者选择，目的是让读者通过实践应用培养科学思维，锻炼动手能力，更好地理解人工智能知识而不是强调使用某个平台或硬件。

本书共分 10 章,1～4 章为人工智能"体验",5～10 章分别从语音识别、图像识别、文本识别、自动驾驶和社会责任等几个领域向读者普及人工智能知识。5 个综合实践项目为社团和培优内容,在项目式应用的基础上实现跨学科(科学、技术、工程、艺术、数学)教育,使读者在人工智能进阶过程中明确如何驾驭自己的发明,实现人类的智能进阶。附录将各章节中用到的软件安装及相关函数进行统一的汇总和说明,方便读者查阅。

在本书编写过程中,北京市海淀区教育科学研究院信息技术研究中心的马涛主任、中国海洋大学的陈凯泉教授、青岛市教育装备与信息技术中心的李晓梅老师和黄建勇老师、商汤教育研究院的戴娟院长,都对本书提出了宝贵意见和建议,在此对他们表示衷心感谢。

本书力求做到理论和实践的完美结合,但人工智能是一个技术含量极高的综合应用领域,尤其是一些技术用到了高等数学的算法,为保证青少年读者学习与理解,编写组对这些知识进行了形象化处理,让读者在应用中感悟知识。由于编者水平有限,编写过程中错误与不当之处在所难免。在本书使用过程中,如果您发现错误或有好的建议,请您将其发送至邮箱 64345898@qq.com,以便编者修订。

本书所有范例程序及素材文件可通过扫描下方二维码关注公众号后,发送关键词"资源下载"获取。

编　者

2022 年 2 月

目　录

第1章　人工智能时代

人脸识别、刷脸支付、刷脸签到、语音识别、语音控制、无人驾驶、智能导航……人工智能已经逐渐渗透到我们的工作、生活和学习中,可以说我们已经迈入了人工智能时代。身处人工智能时代,了解人工智能、学习人工智能是十分有必要的,下面让我们开启人工智能学习之旅吧。

1.1　人工智能概述

1.1.1　情景展现

别担心垃圾分类分不清楚,垃圾分类智慧监管系统可以安装在每个垃圾亭上,如图 1-1 所示,实现垃圾智能分类。垃圾分类智慧监管系统采用前端语音提醒、监控中心远程实时监控的方式智能统筹安排垃圾运输,用科技助力垃圾分类,使垃圾分类变得非常容易。

图 1-1　垃圾分类智慧监管系统

使用导航软件时经常到小区门口就结束了导航,我们要找某栋楼某个单元就很困难。走进山西省晋城市凤台小区,随处可见贴着"智慧导览"二维码的道路指示牌,如图 1-2 所示,用手机轻轻一扫,便可以自动登录中国移动通信集团山西有限公司为凤台社区专向定制的智慧引导系统,使用者可以精确导航到每个住宅楼。

中午想做大餐食材不够,去菜市场、超市要排很长的队,别担心,我们可以去无人超市。在湖南省株洲市韶溪社区,5G 智慧无人超市让人耳目一新,如图 1-3 所示。这里没有收银员,顾客自助扫码结账,实现了"看中什么商品,拿了就走"。

图 1-2　"智慧导览"二维码
道路指示牌

图 1-3　5G 智慧无人超市

以上这些场景都是人工智能的深度应用,我们应该都不陌生,你一定还能举出更多应用人工智能的例子。接下来就让我们开动脑筋,找一找身边的人工智能应用场景吧。

1.1.2　思考探索

1. 人工智能的含义

人工智能,简称 AI,是英文 Artificial Intelligence 的缩写。它是研究、开发用于模拟、延伸和扩展人的智能的理论、方法、技术及应用系统的一门新的技术科学。人工智能研究的主要内容包括机器学习、计算机视觉、智能语音、自然语言理解、智能机器人等方面。

它是在当前科学技术迅速发展及新思想、新理论、新技术不断涌现的形势下产生的一个学科,也是一门涉及数学、计算机科学、哲学、心理学、信息论、控制论等学科的交叉学科。

简单来说,人工智能就是让机器在思维、行为、表现等方面能够看起来像人一样。

2. 人工智能的发展历史

1956年夏天,几位科学家(见图1-4)在美国达特茅斯学院召开人工智能研讨会。会上,麦卡锡第一次提出了人工智能这个概念,此次会议被广泛认为是人工智能诞生的标志。

图1-4 参加达特茅斯会议的科学家们

从1956年的达特茅斯会议至今,人工智能已经经历了60多年波澜壮阔的发展历史,可以将人工智能的发展历程分为图1-5所示的6个阶段。

第一阶段:起步发展期(1956年~20世纪60年代初)。人工智能概念提出后,相继取得了一批令人瞩目的研究成果,如机器定理证明、跳棋程序等,掀起人工智能发展的第一个高潮。

第二阶段:反思发展期(20世纪60年代~70年代初)。人工智能发展初期的突破性进展大大提升了人们对人工智能的期望,人们开始尝试更具挑战性的任务,并提出了一些不切实际的研发目标。然而,接二连三的失败和预期目标的落空(例如,无法用机器证明两个连续函数之和还是连续函数、机器翻译闹出笑话等),使人工智能的发展走入低谷。

第三阶段:应用发展期(20世纪70年代初~80年代中)。20世纪70年代出现的专家系统模拟人类专家的知识和经验解决特定领域的问题,实现了人工智能

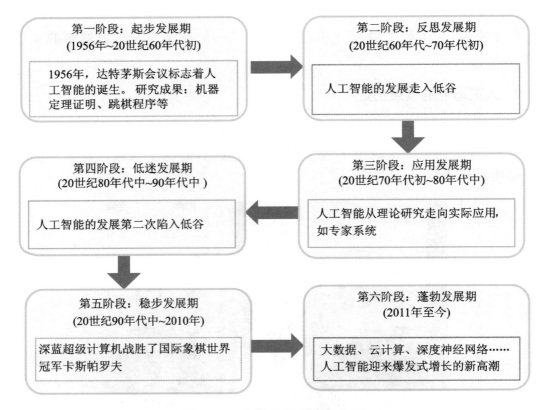

图 1-5 人工智能的发展历程

从理论研究走向实际应用、从一般推理策略探讨转向运用专门知识的重大突破。专家系统在医疗、化学、地质等领域取得成功,推动人工智能走向应用发展的新高潮。

第四阶段:低迷发展期(20世纪80年代中~90年代中)。随着人工智能的应用规模不断扩大,专家系统存在的应用领域狭窄、缺乏常识性知识、知识获取困难、推理方法单一、缺乏分布式功能、难以与现有数据库兼容等问题逐渐暴露出来,人工智能的发展第二次陷入低谷。

第五阶段:稳步发展期(20世纪90年代中~2010年)。网络技术,特别是互联网技术的发展,加速了人工智能的创新研究,促使人工智能技术进一步走向实用化。1997年,国际商业机器公司(简称IBM)深蓝超级计算机战胜了国际象棋世界冠军卡斯帕罗夫;2008年,IBM提出"智慧地球"的概念——以上都是这一时期的标志性事件。

第六阶段:蓬勃发展期(2011年至今)。随着大数据、云计算、互联网、物联网等信息技术的发展,泛在感知数据和图形处理器等计算平台推动以深度神经网络为代表的人工智能技术飞速发展,大幅跨越了科学与应用之间的技术鸿沟,诸如图像分类、语音识别、知识问答、人机对弈、无人驾驶等人工智能技术实现了从"不能用、不好用"到"可以用"的技术突破,人工智能迎来爆发式增长的新高潮。

1.1.3　实战演练

在了解了什么是人工智能之后,我们来动手体验一下人工智能的一些应用。

1. 用智能手机或者平板计算机体验人工智能的语音识别功能

现在的手机输入法软件都具备语音转文字的功能。请打开智能手机备忘录或者微信等任意一款聊天或者文字编辑软件,这时会弹出输入法软件,使用其语音识别功能,把语音转换成文字,如图 1 - 6 所示。看看它能否准确地识别你的语音,你还可以尝试使用方言(如讯飞输入法具备方言识别的功能)。

2. 用智能手机或者平板计算机体验智能识物

打开淘宝 APP,使用淘宝拍照功能,对身边的物品进行识别,如图 1 - 7 所示。分享一下你的发现吧。

图 1 - 6　语音识别

图 1 - 7　智能识物

1.1.4　拓展延伸

著名的图灵测试

在人工智能发展的历史上,不得不提一个著名的人工智能测试——图灵测试。1950 年,著名的图灵测试诞生。图灵测试(The Turing Test)由艾伦·麦席森·图灵(见图 1-8)发明,指测试者(一个人,代号 C)与被测试者——一台机器(代号 A)和另一个人(代号 B)在被隔开的情况下,测试者使用被测试者皆能理解的语言,通过一些装置(如键盘)向被测试者随意提问,如图 1-9 所示。如果经过若干次询问以后,测试者 C 不能得出实质性的区别来分辨 A 和 B 的不同,则此机器 A 通过图灵测试,并被认为具有人类智能。

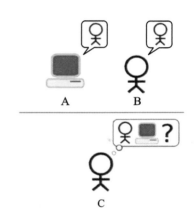

图 1-8　艾伦·麦席森·图灵　　　　图 1-9　图灵测试示意图

图灵测试是作为人工智能的充分条件被提出的,它本身并没有也从未试图定义智能的范畴,这一点图灵在他的论文里写得很清楚。

1.1.5　本节练习

请你通过网站、书籍等方式了解更多关于人工智能发展史中的重要事件和重要发现吧。

1.2　人工智能应用

1.2.1　情景展现

小明最近加入了学校的植物社,社团老师要求大家认识身边的植物。小明发现校园中有很多自己不认识的植物,他向爸爸请教,爸爸告诉他手机中有很多人工智能的应用程序可以解决这个难题。于是,小明使用百度 APP 中的拍照识物功能很快就认识了校园中的各种植物。

1.2.2　思考探索

随着人工智能的不断发展,人工智能在生产、生活和学习各领域的应用越来越广泛。

1. 智能制造领域

智能化是制造自动化的发展方向,在制造过程的各个环节几乎都广泛应用了人工智能技术。重庆金康新能源汽车有限公司的五大车间部署了超过 1 000 台智能机器人,整个生产线的焊接、涂胶、绳边、工位间输送、大件的上料均采用机器人实现,焊接、涂胶的自动化率为 100%。图 1-10 所示为金康新能源智能工厂车间。

图 1-10　金康新能源智能工厂车间

2. 智能农业领域

人工智能在农业领域可用于协助农产品的生产和加工，以提高农作物的产量。如利用无人机喷洒农药（见图 1-11）、查看病虫害、山林防火等。

图 1-11　无人机喷洒农药

3. 智能交通领域

在交通领域使用人工智能可以对行人、车辆和道路状况等复杂的动态信息进行智能处理，如无人驾驶、智能信号灯。图 1-12 所示为海南呀诺达雨林文化旅游区 5G+无人驾驶车。

图 1-12　海南呀诺达雨林文化旅游区 5G+无人驾驶车

4. 智能医疗领域

人工智能在医疗行业放射和图像分析领域的应用越来越多,被广泛应用在医疗诊断、医疗服务、医疗监督等方面。图 1 - 13 所示为智能看护机器人。

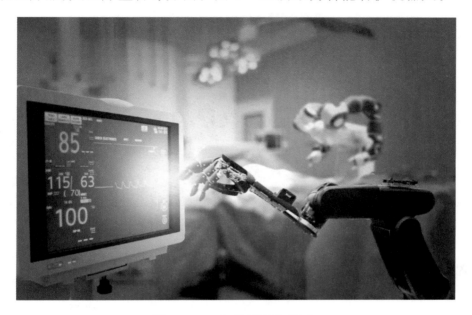

图 1 - 13　智能看护机器人

5. 智能教育领域

人工智能已经开始渗透到教育的许多方面,如数据采集、学习监控、智能预警、个性化推送等,实现日常教育和终身教育的个性化。图 1 - 14 所示为智能学习伴侣。

图 1 - 14　智能学习伴侣

6. 智能能源领域

在能源开发利用、生产和消费的全过程中,人工智能对工作过程进行标准化,包括能源系统的自组织、自检、自平衡和自优化,如采煤智能机器人(见图1-15)。

图1-15　采煤智能机器人

7. 智能物流领域

在物流领域,引入智能识别、仓储、调度、跟踪、配置等,以提高物流效率,增强物流信息的可视性,并优化物流配置,如物流分拣机器人(见图1-16)。

图1-16　物流分拣机器人

8. 智能家居领域

在智能家居领域应用人工智能的产品和设备(例如智能家居硬件、智能网络、服务平台、智能软件),可以促进智能家居产品的互联,并有效改善智能家居在照明、监控、娱乐、健康等方面的性能。如语音控制窗帘开关、家电开关,照明灯具自动调节明暗度,如图 1-17 所示。

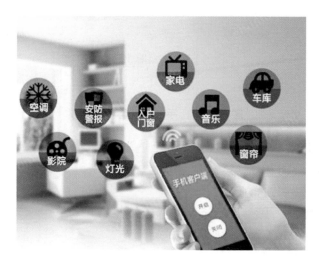

图 1-17　智能家居

人工智能在社会各方面的应用远远不止上述列举的这些,你可以继续了解人工智能的其他应用。

1.2.3　实战演练

我们的身边有很多人工智能的应用,为我们的学习和生活提供了便利。下面就让我们来体验几个吧。

1. 体验手机人脸识别功能

人脸识别作为人工智能的一项标志性技术,已经开始被大规模应用。从面部解锁、身份认证、面部支付、门禁、通行到安防等领域,可以说是无处不在。我们首先来体验一下手机里的人脸识别功能。

注意:以下操作(见图 1-18)以华为 Mate20 手机、鸿蒙系统为例,不同品牌手机或系统的设置方法会有所不同。

图 1 - 18　手机设置人脸解锁

① 打开智能手机或者平板计算机,进入"设置"界面。

② 找到"生物识别和密码"选项。

③ 进入"人脸识别"选项。

④ 录入面部数据。

⑤ 锁定屏幕,使用人脸解锁。

2. 利用商汤教育平台识别动植物

商汤教育平台上也有人工智能相关的功能,让我们一起去看看吧。登录平台(登录方法见附录 A),在课程中心里选择"人工智能启蒙"模块→"1.01 无处不在的人工智能",进入"实验项目",如图 1 - 19 所示。然后选择第 5 个实验"识别自己拍摄的动植物",如图 1 - 20 所示。你可以自己拍一张动植物的照片,或者从网络上下载一张动植物的图片,交给人工智能,检测一下人工智能的识别能力。编者在这里使用了一张羊的图片,如图 1 - 21 所示。

图 1 - 19　进入实验模块　　　图 1 - 20　进入实验内容

图 1 - 21　羊的图片

（1）上传图片

在积木编程的"检测"分类中找到"图片"积木，把它拖拽到编程区域，单击积木中的"未选择"，在下拉框中选择"从本地选择"，找到动植物图片的保存路径，选中图片并上传，如图 1 - 22 所示。图片上传成功后如图 1 - 23 所示。

图 1 - 22　上传本地图片　　　　　图 1 - 23　图片上传成功

（2）识别图片

①　拖拽"加载并显示图像"积木、"智能识别图像"积木，并把"图片"积木拼接到"加载并显示图像"积木中，如图 1 - 24 所示。

②　运行程序，并查看右侧的运行结果窗口，看看人工智能是否认出了图片中的动物，运行结果如图 1 - 25 所示。

可以看出，人工智能认出了图片中的动物。怎么样，人工智能还是挺厉害的吧。在动物的识别方面，它已经超越了大多数人类的水平！

图 1 - 24　识别图片

图 1 - 25　运行结果

　　聪明的你,再多上传几张照片试试吧!当然,大千世界纷繁复杂,像我们一样,它也有出错、识别不出来的时候,如何提升、改善它的识别能力,也是我们要思考的问题。

1.2.4　拓展延伸

　　人脸识别,是一种基于人的脸部特征信息进行身份识别的生物识别技术。用摄像机或摄像头采集含有人脸的图像或视频流,并自动在图像中检测和跟踪人脸,进而对检测到的人脸进行脸部识别的一系列相关技术,通常也叫作人像识别、面部识别。

不同的人脸图像都能通过摄像镜头被采集下来,比如静态图像、动态图像、不同位置、不同表情等方面都可以得到很好的采集。当用户在采集设备的拍摄范围内时,采集设备会自动搜索并拍摄用户的人脸图像。

人脸检测在实际中主要用于人脸识别的预处理,即在图像中准确标定出人脸的位置和大小。人脸图像中包含的模式特征十分丰富,如直方图特征、颜色特征、模板特征、结构特征及 Haar 特征等。人脸检测就是把其中有用的信息挑出来,并利用这些特征实现人脸检测。

人脸识别主要用于身份识别。由于视频监控正在快速普及,众多的视频监控应用迫切需要一种远距离、用户非配合状态下的快速身份识别技术,以求远距离快速确认人员身份,实现智能预警。人脸识别技术无疑是最佳的选择,采用快速人脸检测技术可以从监控视频图像中实时查找人脸,并与人脸数据库进行实时比对,从而实现快速身份识别。

1.2.5　本节练习

① 上网了解一下人工智能在生产和生活中还有哪些具体的应用?
② 畅想一下未来人工智能还会被应用在哪些方面?

第 2 章　生活中的智能图像处理

我们能够靠视觉和大脑的处理来感知周围的世界(见图 2-1),可以理解和描述图像中的场景,那人工智能是如何认识和感知这个世界的呢?

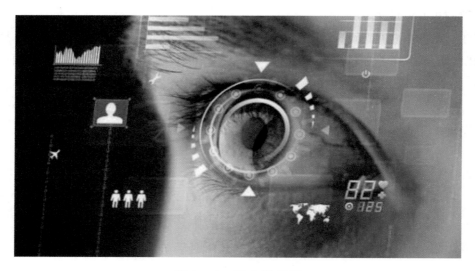

图 2-1　眼中的世界

2.1　计算机视觉

2.1.1　情景展现

计算机也有视觉。你是否曾经想过自动驾驶汽车是如何"看见"各种对象的(见图 2-2)?计算机视觉在自动驾驶汽车领域起着至关重要的作用,它使自动驾驶的汽车能够感知并理解其周围的环境,从而正确运行。

可以看出,计算机视觉像人类的眼睛一样,它可以定位不同数量的对象并对其进行分类,从而区分对象是交通信号灯、汽车,还是人。

图 2 − 2　自动驾驶汽车

2.1.2　思考探索

1. 初识计算机视觉

计算机视觉是一门研究如何让计算机像人类一样"看"的学科。形象地说，就是给计算机安装眼睛（照相机）和大脑（算法），让计算机能够感知环境。图 2 − 3 所示为计算机识别物体。

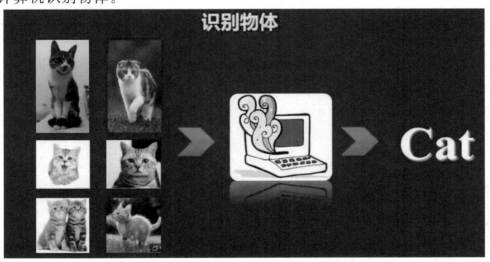

图 2 − 3　计算机识别物体

20世纪70年代后期,当计算机的性能提高到足以处理图像这样的大规模数据时,计算机视觉得到了正式的关注和发展。其发展至今,许多人工智能产品都已具备视觉系统,能依据"看"到的信息完成一定的任务。未来,计算机视觉的最终研究目标就是使计算机能像人那样通过视觉来观察和理解世界。

2. 计算机视觉的原理

以一个简单的计算机视觉任务为例。有一个红球在草地上滚动,现在需要对红球进行定位和追踪,如图2-4所示,那么计算机是如何做到的呢?

现代计算机视觉的做法是先拍摄多张不同光照环境下的红球图片,标出图片中红球的位置,从而得到很多的数据,然后计算机学习寻找红球位置的规律。当数据量足够大时,这个规律就可以被应用到不同光照环境下(因为光照对颜色的影响大),实现对红球的稳定追踪。所以说,现代计算机视觉是靠数据进行驱动的。

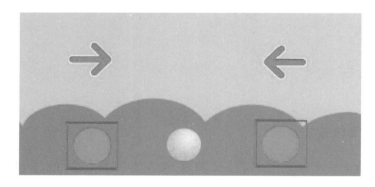

图2-4　对红球进行定位和追踪

3. 计算机视觉的应用

成语"眼见为实"和英语"One picture is worth a thousand words"都表达了视觉对人类的重要性。在生活中计算机视觉的应用案例很多,如人脸识别开锁、刷脸购票、红外测温、商场车牌识别等,如图2-5所示。

2.1.3　实战演练

摄像机在拍摄图像或者录制视频以后,对图像进行处理,训练机器模型,让它像人类一样能够区分事物。

案例体验——花的识别

① 从网络或者本地收集各种花的图片(少于50张),打包压缩成"flower.zip"文件。

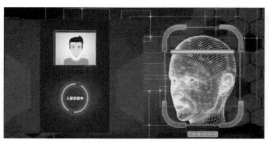

(a) 人脸识别开锁

(b) 刷脸购票

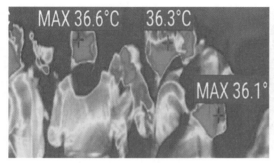

(c) 红外测温

(d) 商场车牌识别

图 2 - 5　计算机视觉的应用

② 登录商汤教育平台,进入"猫兔识别机"实验项目。

③ 单击右上角"我的文件夹"→"上传"→"文件",选择本地"flower. zip"文件,上传至平台。

④ 上传一张需要检测的图片至平台。

⑤ 编写测试程序,如图 2 - 6 所示。

图 2 - 6　程序示意图

⑥ 编程搭建结束后,单击"运行",就训练了一个全新的能够辨识花的程序,运行结果如图 2 - 7 所示。

特征抽取完毕！
['花'，'花']分类器训练完毕！

这是花

图 2 - 7　运行结果

2.1.4　拓展延伸

计算机视觉与人工智能农业

计算机视觉对现代农业的现代化作业产生了巨大影响。计算机视觉算法可以用来检测农作物疾病，甚至在某些情况下可以预测疾病或病虫害。早期诊断可以帮助农民伯伯尽早采取适当措施。利用集成计算机视觉技术的机器人监控整个农场并精确喷洒除草剂，可以减少损失，并确保农产品质量。

目前，有一些人工智能应用确实出乎意料，比如从手机拍摄的图像中识别出土壤中的潜在缺陷和营养不足。在分析了发送的图像之后，这些应用程序提出了土壤修复技术建议以及针对所发现问题的可能解决方案。

计算机视觉还可用于分类。通过识别水果、蔬菜，甚至花朵的主要属性（例如大小、质量、颜色、质地），有一些算法可以对它们进行分类。这些算法还能够发现其缺陷并估算哪些物品可以保存更长的时间，以及哪些物品应该被发送到本地市场，从而最大限度地延长了这些物品的货架寿命并缩短了产品上市时间。

2.2　智能摄影拍照

2.2.1　情景展现

近年来,随着图像识别与处理技术的发展,我们已经从手工修图时代跨入了智能修图时代。智能摄影通过引入人工智能修图(见图 2-8)算法,自动识别各类环境场景,相应地调整相机设置,改善了操作方式和美颜效果,大幅度地提升了拍摄影像的质量。

修正前　修正后

图 2-8　人工智能修图

2.2.2　思考探索

1. 智能摄影拍照

智能摄影拍照通过自动识别环境场景、自动调整相机的设置,提升拍摄影像的质量,使拍摄效果达到最佳状态。当拍摄难度特别大时,它会智能激活连拍和自动 HDR 等高级功能,从而进一步提升影像质量。

2. 多种智能拍照软件

智能拍照软件操作简单,拥有强大的滤镜、萌趣十足的贴纸、自由拼图功能等,帮助大家轻松拍摄出美观的图像。目前应用较广的拍照软件有实用智能相机、美颜萌拍照相机、美神拍照相机、chic 拍照相机、拍照日记 APP、美颜拍照神器,如图 2-9 所示。

实用智能相机　　　　美颜萌拍照相机　　　　chic拍照相机

美神拍照相机　　　　拍照日记APP　　　　美颜拍照神器

图 2-9　多种智能拍照软件

3. 解密美颜软件

众所周知,美颜软件已经成为智能手机、直播平台、短视频平台等不可或缺的组成部分。当我们用手机拍照时,可以方便快捷地对照片进行美颜、美型或添加萌趣十足的动、静态贴纸。

我们常常惊叹,这些贴纸恰到好处地放到了合适的位置。如"兔耳朵"精准定位在头顶上,"猫咪胡须"就在人脸(胖或瘦)两侧,这就是美颜贴纸的厉害之处。美颜贴纸基于高精度的人脸关键点检测技术,通过人脸追踪技术精准定位人脸关键部位并跟随其移动,才使得人脸和美型贴纸更加精准贴合。我们应用较多的美颜软件 APP 主要有 Faceu 激萌、美图秀秀、B612 咔叽等。

4. 智能修图原理

随着智能手机的普及,用手机拍照记录生活中的点滴故事变得更加流行。光线不足、聚焦模糊、放大失真等问题,常常导致我们拍摄的图像质量不高。利用智能修图可以快速修复并增强画质,无损高清修复图像。其实智能修图原理主要有两个环节:利用智能修图软件将图像中的人物、物体与其他背景分离;对图像进行校正、调整和参数修改,完善图像。

2.2.3　实战演练

1. 应用美图秀秀软件处理图像

① 打开美图秀秀软件，选择需要处理的图像。

② 应用美图秀秀智能优化功能。选择待处理的图像，使用智能优化功能进行处理，如图 2-10 所示。

③ 保存图像。思考美图秀秀智能优化功能是如何判断图像中内容类别的。

④ 手动切换不同类别的优化滤镜，观察图像处理效果，并思考不同类别的滤镜处理结果有哪些不同。

⑤ 美图秀秀 APP 还提供了大量滤镜，使用它处理图像看看效果，如图 2-11 所示。

图 2-10　图像智能优化

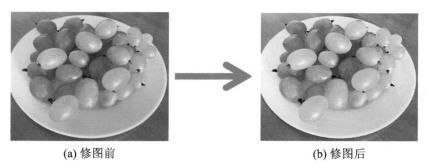

(a) 修图前　　　　　　　　(b) 修图后

图 2-11　用滤镜处理图像

2. 应用 Faceu 激萌 APP 处理照片

① 在应用商店中下载 Faceu 激萌 APP，并将其安装在手机上。

② 应用 Faceu 激萌可以在拍照时使用滤镜、贴纸、美颜、贴图等功能，也可以对相机中已有照片进行相关处理，如图 2-12 所示。

③ 分享照片，并思考这些贴纸是如何做到对关键部位进行精准定位的。

(a) 修图前　　　　　　　　　　(b) 修图后

图 2 - 12　为照片添加清新贴纸

2.2.4　拓展延伸

① 搜索一下还有哪些美颜软件？
② 当物体检测和智能摄影结合使用时，还能得到什么应用呢？

2.2.5　本节练习

应用任意一款美颜软件，使用美颜、贴纸、滤镜等功能对你最喜欢的一张全家福或家人照片进行处理。

2.3　照片察人辨物

2.3.1　情景展现

周末，在爸爸的带领下，小米无比兴奋地走进美妙奇异的科技馆。在科技馆里，小米被机器人乐队的表演所吸引，一个机器人指挥家指挥着它的机器人小乐手们，齐心协力共奏美妙的乐曲。因为看表演太专注，小米和爸爸走散了，爸爸非常焦急地寻找小米，最终他通过科技馆人脸识别系统找到小米，并精确锁定小米所在位置。

2.3.2　思考探索

1. 识图辨物

让我们一起回忆一下如何快速辨认图 2-13 所示的这些花吧。通常我们可以借助生活经验,或通过书本、网络等多种途径学习大量花的相关知识。学习的次数越多,记忆就越深刻,进而能快速辨认出花的种类。

图 2-13　辨认花的种类

人工智能要想完成各项任务,也要像我们一样进行大量的学习。为了让机器认识花,需要给机器"看"各种各样花的图片,让机器发现花的图片中的规律,从而找到花的特征。机器"看"的花的图片越多,对花就越"熟悉"。

2. 识图辨人

当我们拿起手机为身边的朋友拍照时,手机用方形框快速定位出人脸的位置。这是因为手机中存储的人脸识别模型已经从成千上万张人脸图片数据中,学习到了人脸图片的普遍规律,所以我们在用手机拍照时,它能快速精准地识别出人脸。

机器学习通过分析大量数据,提取出数据的规律模型,进而预测新的数据,从而顺利完成任务。图像识别可以归纳为 3 个步骤:加载并显示图像、识别图像、输出图像识别结果。

2.3.3　实战演练

1. 应用商汤教育平台识图辨物

① 加载、检测、输出检测结果,如图 2-14 所示。

② 绘制检测框,比对检测结果,如图 2-15、图 2-16 所示。

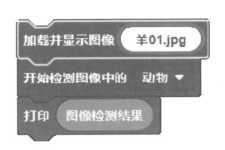

图 2-14 程序示意图

图 2-15 程序调试

图 2-16 运行结果

2. 应用形色 APP 识图辨花

① 在应用商店下载形色 APP,并在平板计算机或手机端进行安装。

② 加载图像(对准目标:花草树木或果蔬海鲜)。

③ 体验输出图像识别结果,如图 2-17 所示。

④ 查看详情,了解图像的具体信息,如图 2-18 所示。

图 2-17 图像识别

图 2-18 图像具体信息

2.3.4 拓展延伸

人工智能图像识别技术辨别物体神器

随着人工智能技术的不断迭代更新，当我们遇到不熟悉的物品时，我们可以通过手机中照相机的"拍拍拍"功能，利用人工智能图像识别技术来轻松识别物体。

在智能手机上安装万能拍照识别 APP，可以快速检索、识别文字、植物、动物、物品、菜品、车型、商标，还可以扫码识别，方便、快捷检索相关信息。

文字识别：相当于现在非常热门的全能扫描王，目前支持中文、英文、葡萄牙文等 10 种语言识别，功能非常强大。单击"文章识别"可选择识别的语言类型。使用相机识别，选择需要识别的选区，检测结果准确率惊人，几乎达到 100％，如图 2-19 所示。

(a) 文字识别选区　　　　　　　　(b) 文字识别结果

图 2-19　文字识别

动物识别：当我们在野生动物园游玩时，如果遇到不认识的动物就可以借助该神器进行识别，识别准确率相当高。比如对图 2-20(a)所示的在草坪上玩耍的北极熊进行识别，识别结果不仅仅是单纯的北极熊，还可以点击搜索北极熊的相关链接信息。图 2-20(b)所示的识别结果中相似度最高的就是北极熊。

(a) 动物识别选区   (b) 动物识别结果

图 2 - 20　动物识别

植物识别:春天,植物园里百花齐放,万紫千红、争相斗艳。譬如对图 2 - 21 (a)所示的花卉中心种植的牡丹花进行识别,它会先通过图像识别算法进行相似度对比,然后选出最接近的结果。图 2 - 21(b)所示的识别结果中相似度最高的是牡丹花。

(a) 植物识别选区   (b) 植物识别结果

图 2 - 21　植物识别

车型识别:对着你喜欢的车辆拍一张照片,它能够自动识别车型号、品牌及功能。

2.4　照片分门别类

2.4.1　情景展现

我们的智能手机中可能存储了大量的照片(如不同人的照片),如果要在手机相册中快速找到某一个人的所有照片,逐张查找会花费大量的时间。手机相册有一个特别的功能,能自动从照片库中把相同类别的照片聚类到一起,它就是图像聚类。

2.4.2　思考探索

1. 图像聚类

聚类就是将一些物体按照相似度进行划分的过程。聚类算法可以计算出多个物体彼此之间的相似度,把相似度高的事物划分在一个组内。运用一些聚类算法对图像进行聚类,称为图像聚类。图 2 - 22 所示为足球明星的图像聚类。

图 2 - 22　足球明星的图像聚类

2. 人脸聚类

聚类应用到人脸上称为人脸聚类,人脸聚类是聚类的一个经典应用,它可以将同一个人的照片划分到一个组内。如图 2 - 23 所示,把 Winnie 的照片聚类到一起,把 Lina 的照片聚类到一起。使用人脸聚类能快速找到属于自己的照片。

Winnie   Lina

图 2 - 23   人脸聚类

3. 人脸聚类的过程

人脸聚类的过程如图 2 - 24 所示:首先利用算法在图像范围内扫描;再逐个判断候选区域是否包含人脸,从照片中检测出人脸,找到人脸后,从人脸图像中提取特征,将人脸图像转化为一系列固定数值;接着进行人脸比对,比较两张脸的相似度,当相似度达到一定的数值时就认为两张人脸属于同一个人;最后将某张人脸与照片中所有的人脸进行比对,根据比对后的相似度进行人脸排序,将同一个人划分到同一个组内。

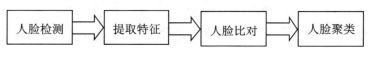

图 2 - 24   人脸聚类的过程

2.4.3   实战演练

1. 利用手机相册的聚类功能查找照片

打开手机相册,单击"发现"按钮,你将会看到照片被聚类了。

你会发现,有的照片按照人像划分成组;有的照片按照地点划分成组;有的照片按照事物划分成组,比如风景、文档等,如图 2 - 25 所示。根据分组查找照片可以大大节省我们的时间。

图 2-25 手机相册的照片聚类功能

2. 利用商汤教育平台体验人脸聚类功能

登录商汤教育平台,进入"人工智能启蒙(上)"模块,打开"第一章第 8 节"。

(1) 创建原图相册

① 读取 11 张指定的图像并将其分别赋值给 11 个变量 img1~img11。

(a) 单击"变量"→"创建变量",分别创建 11 个图像变量 img1~img11,如图 2-26 所示。

(b) 分别对 11 个图像变量进行赋值,如图 2-27 所示。

② 新建列表变量 imgs,并对列表变量进行赋值。单击"+"按钮,将 11 张图像分别添加到列表中,如图 2-28 所示。

图 2-26 创建图像变量

图 2-27 对图像变量赋值

图 2-28 将图像添加到列表中

③ 从列表中依次读取每张图像,并显示图像,如图 2-29 所示。

运行程序,在右侧结果展示区域显示 11 张图像。

(2) 人脸检测

① 新建变量 cluster,初始化聚类模型并将其存入变量 cluster 中,如图 2-30 所示。

② 创建空列表 face_list,用于存放之前的人脸图像,如图 2-31 所示。

图 2-29 读取并显示图像

图 2-30 初始化聚类模型

图 2-31 用列表存放人脸图像

图 2-32 用 im 变量逐张
获取列表 imgs 中的图像

③ 从源图像列表 imgs 中依次获取每张人脸图像,将其分别存入变量 im 中,每次循环新图像会覆盖 im 中的图像,如图 2-32 所示。

④ 根据聚类模型获取图片中的人脸并

将其存入变量 rect 中，如图 2 - 33 所示。

图 2 - 33 根据聚类模型获取图片中的人脸并将其存入变量 rect 中

⑤ 使用矩形画出图像中的人脸位置，如图 2 - 34 所示。

⑥ 裁剪出检测框中的人脸图片并将其存入变量 face 中，如图 2 - 35 所示。

图 2 - 34 使用矩形画出
图像中的人脸位置

图 2 - 35 裁剪出检测框中的人脸
图片并将其存入变量 face 中

⑦ 将裁剪后的人脸图片添加到列表 face_list 中，如图 2 - 36 所示。

⑧ 清空人脸检测框，准备给下张人脸图片使用，如图 2 - 37 所示。

⑨ 循环结束后，批量展示已填充好的人脸列表，如图 2 - 38 所示。

图 2 - 36 将裁剪后的人脸图片
添加到列表 face_list 中

图 2 - 37 清空人脸检测框

图 2 - 38 展示裁剪后的人脸图片

人脸检测的整体演示代码如图 2 - 39 所示，其运行结果如图 2 - 40 所示。

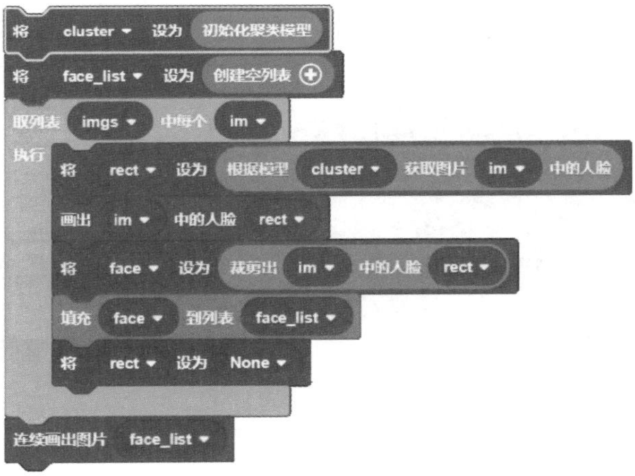

图 2 - 39 人脸检测的整体演示代码

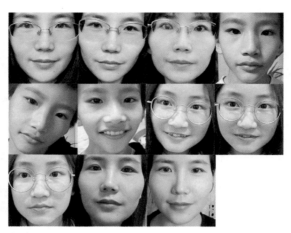

图 2 - 40　人脸检测运行效果图

（3）人脸聚类

① 使用聚类模型对源图像列表中的图像进行聚类,并将结果存入变量 cluster_result 中,如图 2 - 41 所示。

图 2 - 41　使用聚类模型对人脸图像进行聚类

② 对比原图的聚类结果,将 face_list 列表中保存的人脸图片存入相册变量 ablum 中,如图 2 - 42 所示。

图 2 - 42　将聚类结果存入相册变量

③ 遍历相册变量 ablum 中的每张人脸图片,获取人脸对应的编号 ids,如图 2 - 43 所示。

④ 打印输出聚类结果的编号,如图 2 - 44 所示。

图 2 - 43　获取人脸对应的编号　　　　**图 2 - 44　打印输出聚类结果的编号**

⑤ 根据人脸编号,画出相册 ablum 中对应的人脸图片,如图 2 - 45 所示。

第 2 章　生活中的智能图像处理

图 2 - 45　画出相册 ablum 中对应的人脸图片

人脸聚类的整体演示代码如图 2 - 46 所示,其运行结果如图 2 - 47 所示。

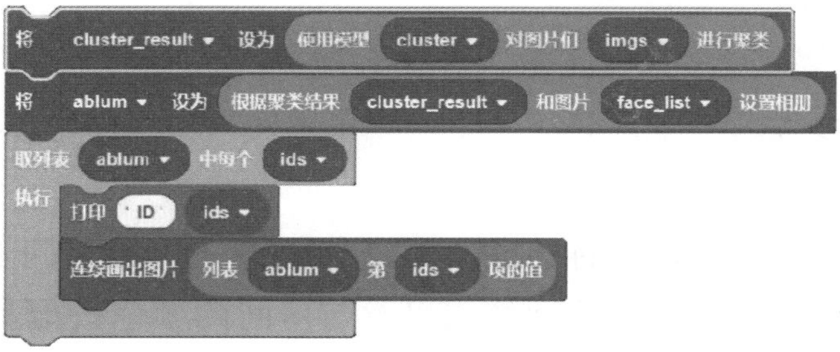

图 2 - 46　人脸聚类的整体演示代码

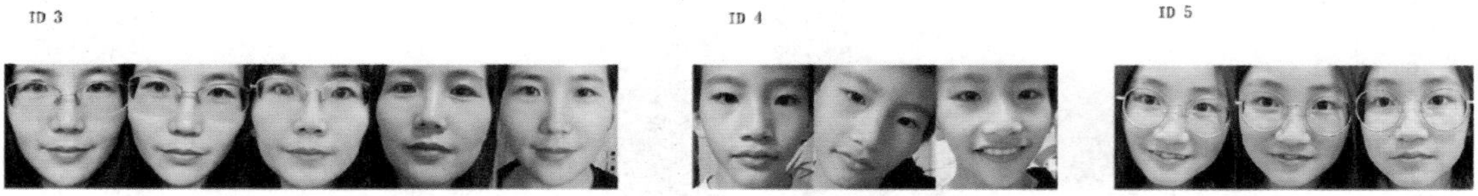

图 2 - 47　人脸聚类的运行结果

2.4.4　拓展延伸

近年来,人脸识别取得了显著的进展,其性能达到了很高的水平,但是这涉及过高的标记成本。因此,利用未标记的数据成为一个非常有吸引力的替代方案。最近的研究表明,对未标记的人脸进行聚类是一种很有前途的方法,通常会带来显著的性能提高。

使用人脸聚类功能,可以将多张包含人脸的图像进行分组,可用于网盘的人脸相册、家庭监控的陌生人检测,甚至新零售的顾客管理等场景。人脸聚类后,你可以根据人脸分组查询对应人员的所有图像信息。

安装了人脸聚类的功能之后,即使手机里有很多的照片,也能很快地把同一个人的照片全部筛选出来。

2.4.5　本节练习

说一说人脸聚类功能实现的基本步骤。

2.5　照片锦上添花

2.5.1　情景展现

图2-48中的房间是真实的,红色的沙发和蓝色的沙发是网上的商品,你可以足不出户就看到商品在家里的陈列样式以及与房间的颜色搭配是否合适,从而决定是否购买它。这项应用涉及人工智能的一项技术——AR技术。

图2-48　AR技术在网上购物中的应用

2.5.2　思考探索

1. AR技术的含义

AR,是英文Augmented Reality的缩写,意思是增强现实。AR技术是一种将真实世界的信息和虚拟世界的信息"无缝"集成的新技术。它是把原本在现实世界的一定时间、空间范围内很难体验到的实体信息(如视觉信息、声音、味道、触觉等),通过计算机科学技术等模拟仿真后再叠加,将虚拟的信息应用到真实世界,真实的环境和虚拟的物体实时地叠加到同一个画面或空间,被人类感官所感知,从而达到超越现实的感官体验。

2. AR 技术的原理

AR 技术,不仅将真实世界的信息展现出来,而且将虚拟世界的信息同时显示出来,两种信息相互补充、叠加,如图 2-49 所示。在视觉化的 AR 中,用

图 2-49 AR 中虚拟世界和现实世界的关系

户利用头盔显示器把真实世界与计算机图形合成,便可以看到真实的世界围绕着他。

要想把虚拟的三维信息叠加到现实世界中,首先需要在现实世界中找一个平面,然后才能把虚拟的信息叠加到平面上,从而实现虚实结合。

如何找到平面呢?早期的 AR 技术是通过放置一些二维码作为标志物,每个二维码代表一个平面,计算机根据二维码找到对应的平面,再把虚拟的画面渲染到平面上。

现在的 AR 技术是先通过计算机抽取动态视频中的一幅图片,再通过关键点的识别和匹配找到平面,最后把虚拟的画面渲染到平面上。

AR 技术包含了多媒体、三维建模、实时视频显示及控制、实时跟踪及注册、多传感器融合、场景融合等新技术与新手段,如图 2-50 所示。

图 2-50 AR 技术

3. AR 技术的应用

AR 技术可以创造出栩栩如生的 3D 立体形象,给予大家视觉、听觉、触觉等多感官的刺激。这一特性使 AR 技术在日常生活中被广泛应用。

(1) AR 图书

阅读 AR 图书时,我们需要用手机或者平板计算机等终端设备下载一个和图书配套的 APP,然后扫描图书,就可以通过设备看到相应的 3D 动画或者 3D 形象呈现在页面上,如图 2-51 所示。

(2) AR 导航

AR 导航是利用手机中的 GPS 及摄影机,把 AR 技术和导航系统结合起来,用户直接由摄影机中的虚拟路径导引,直观易懂,如图 2-52 所示。用户目视导航

画面时,也不会因遗漏车况而影响行车安全。

图 2 - 51　AR 图书

图 2 - 52　AR 导航

（3）AR 购物

AR 购物是点开商品,进入 AR,将虚拟商品 3D 模型放置在真实空间中,可以实景查看,可以手势交互体验,将商品"秀"出来,吸引更多的用户去体验、购买,如图 2 - 53 所示。

（4）AR 游戏

AR 游戏可以让玩家进入一个真实的自然场景,以虚拟替身的形式进行互动,如图 2 - 54 所示。

图 2 - 53　AR 购物

图 2 - 54　AR 游戏

（5）AR 维修

　　AR 维修是可穿戴设备或移动设备可以在技术人员的工作环境中嵌入数字内容，例如向他们展示当天需要完成的任务，或建议最有效的修复方法，如图 2 - 55所示。

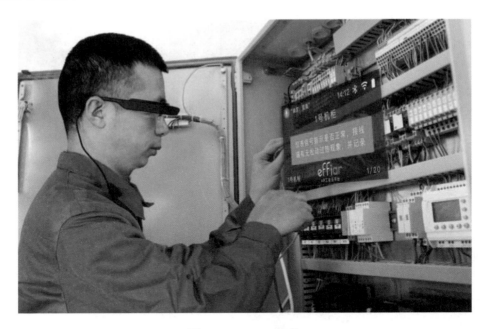

图 2 - 55　AR 维修

2.5.3　实战演练

使用商汤教育平台进行智能 AR 体验

登录商汤教育平台,进入"人工智能启蒙(上)"模块,打开"第一章第 9 节"。

(1) 查看棋盘格平面图

创建变量 img,加载标准棋盘格图像,并显示 img 图像,如图 2 - 56 所示。

图 2 - 56　加载标准棋盘格图像代码及运行结果

（2）检测关键点位置

创建变量 result，检测棋盘格平面图 img 上的关键点，画出关键点并显示，如图 2-57 所示。

图 2-57 检测棋盘格平面图上的关键点代码及运行结果

（3）在棋盘格平面图上叠加动物的三维图像

添加循环运行棋盘格检测代码，运行程序，拿出事先打印好的棋盘格图像，将其对准摄像头，使棋盘格充满摄像头画面，并查看运行结果，如图 2-58 所示。

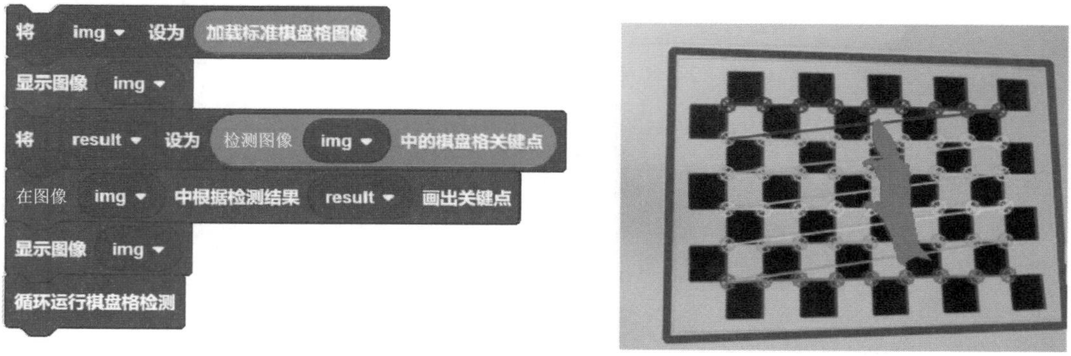

图 2-58 程序代码及运行结果

2.5.4 拓展延伸

AR 技术、VR 技术、AV 技术和 MR 技术

应用 VR（虚拟现实）技术，看到的场景和人物全是虚拟的。应用 AR（增强现实）技术，看到的场景和人物一部分是真的，一部分是假的，它把虚拟世界的信息带入现实世界中。

AR(增强现实)技术是用人工使用软件做出来的数据对现实世界进行增强。相反,AV(增强虚拟)技术是用现实世界的数据来增强虚拟环境。

但是不管是 VR 技术还是 AR 技术,本身都有局限性,把这两种技术合成为 MR 技术是最好的选择。

所谓的 MR(混合现实)技术,是比 AR 技术的面更宽、比 VR 技术更先进的一种技术。MR 技术填补了从 AR 技术到 AV 技术之间的空缺,把 AR 技术和 AV 技术连在一起。简单来说,MR 技术是 VR 技术、AV 技术和 AR 技术的一种组合。

或许在不远的将来,有了 MR 技术,学生再也不用带着厚厚的书本去上课,学习过程也会更加有趣。我们也可以用 MR 技术到全世界每个角落"虚拟"旅行,看到这个世界上存在的任何事物。

2.5.5 本节练习

① 上网搜索一些有关 AR 技术、VR 技术、MR 技术的视频,了解一下它们在生活中的应用。

② 了解更多关于 AR 技术的应用。

第3章　生活中的语音识别

语音作为我们日常交流的主要方式,具有方便、直接的特点。简单的一句话就可以描述一系列复杂的操作,或者一个复杂的概念,这就是语音的优势所在。现在基于语音识别的新人机交互模式,给我们的生活带来了很大的改变和进步。接下来就让我们一起走进计算机中的声音。

3.1　计算机中的声音

3.1.1　情景展现

随着人工智能的发展,手机上出现了 Siri、小爱同学等智能语音助手,它们总是很有礼貌地为我们提供各种帮助。语音助手也给一些残疾人带来了福音,他们可以用语音来控制家里的设备,例如用语音打开电视机。

机器是怎样"听懂"人类语音的? 在本节中,我们将一起揭开这个问题的面纱,了解如何通过语音和计算机进行交互。

3.1.2　思考探索

语音识别的对象是声音,那声音是什么呢? 先让我们一起来研究声音吧。

1. 声音的特征

声音是由物体振动产生的,通过空气或者其他介质传播被人耳所感知。声音有以下 3 个特征。

① 音调:决定于声源的振动频率。频率越高,音调就越高,声音听起来也就越尖锐,音调的波形图如图 3-1 所示。这里的频率是指物体在 1 s 内振动的次数,单位是赫兹(Hz)。

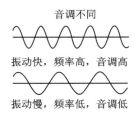

图 3 - 1　音调的波形图

② 响度:决定于声源的振动幅度,即振幅。声源在振动时,离开原本位置的最大距离就是振幅。振幅越大,响度就越大,声音听起来也就越大,响度的波形图如图 3 - 2 所示。

③ 音色:决定于声源本身的材料、结构等特性。不同的物体即使振动的频率、幅度一样,声音听起来也会有所区别,音色就反映了这样一种区别。比如,我们能通过乐器发出的声响来判断不同的乐器,这是因为不同乐器的音色是不同的,音色的波形图如图 3 - 3 所示。

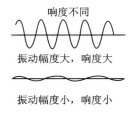

图 3 - 2　响度的波形图

图 3 - 3　音色的波形图

2. 声音的录制与保存

录制和保存声音的方法多种多样,它的发展也已经有很长的历史。1877 年,托马斯·爱迪生制作出一台以机械方式存储模拟波的简单装置,如图 3 - 4 所示,该装置用振动膜控制针,再将由针接收到的声音信号刻写到锡箔圆筒上。

图 3 - 4　托马斯·爱迪生制作的简单装置

这种通过将声音信号刻写到锡箔上存储和播放声音的方法很简单,但问题在于它对信号的保真度不高。

随着科技的进步,记录声音的方式出现了模拟方式和数字方式两种。模拟方式(如图 3-5 所示的钢丝录音机)是将声音的空气振动信号先转变成电信号,然后转变成磁信号记录在磁化的介质上,以完成声音的录制。数字方式则是通过计算机将声音的空气振动信号转变成电信号后,对信号进行采样—量化—编码,以音频文件的形式记录下来。

3. 计算机中的声音

计算机没有耳朵,它能感知到声音是因为它把声波转换为便于计算机存储和处理的音频文件(如 MP3 格式)。

计算机存储声音(也叫声音的数字化),是以二进制方式存储的,用到的基本技术是脉冲编码调制技术,它主要包括采样、量化、编码 3 个基本过程。其中二进制就是用 0 和 1 来表示数据,逢 2 进 1。生活中我们使用的是十进制,也就是用 0~9 来表示数据,逢 10 进 1。

(1)声音的处理

计算机中的音频和常见的文字、数字不同,它是随时间变化的,如图 3-6 所示。

图 3-5　钢丝录音机　　　　图 3-6　音频的表现形式

计算机在录制声音的时候,从声波到音频文件主要经历 3 个阶段:采样、量化、编码,如图 3-7 所示。

1)采　样

计算机不能记录一段时间内的所有音频信号,但是可以记录其中的一部分。采样就是计算机在模拟信号上按一定的时间间隔进行取样。

2)量　化

量化是指将样本的值截取为最接近它的整数值。如果实际值为 7.2,则截取为 7;如果实际值为 7.8,则截取为 8。

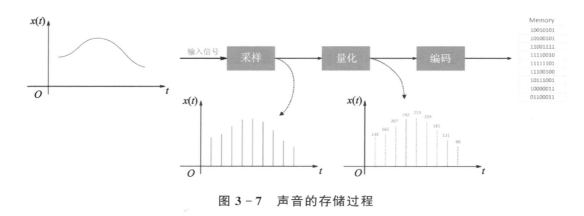

图 3 - 7　声音的存储过程

3）编　码

编码是把量化的样本值编码成二进制形式。

对计算机来说，话筒就是它的耳朵，当话筒接收到声波时，计算机通过上述过程将声波转化成它能识别的语言从而将其存储在计算机中。

（2）声音的可视化

在日常生活中我们对声音的印象都是来源于听觉，我们从来没有用眼睛看见过声音的样子。随着科技的进步，我们现在可以将声音可视化。比如在 Python 中，就可借助相关模块进行代码编写，将声音文件转化为频谱和波形图，如图 3 - 8、图 3 - 9 所示。

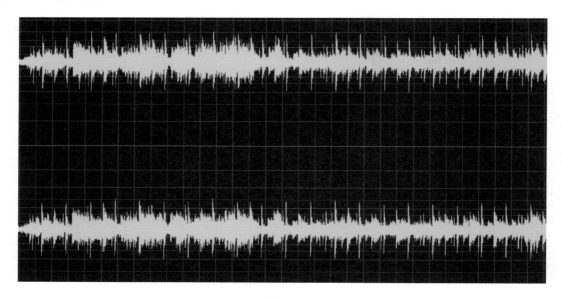

图 3 - 8　频　谱

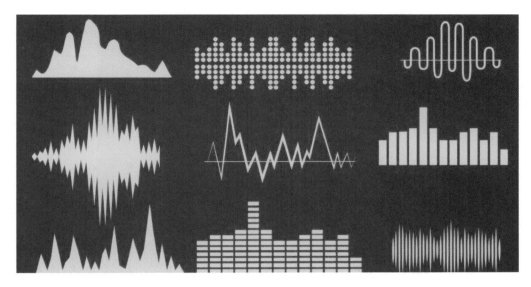

图 3 - 9　波形图

3.1.3　实战演练

声音的可视化——波形图

了解了计算机中声音的相关知识后,下面我们来做一个小实验,用简单的 Python 代码实现声音的可视化——读取音频文件将其转化成波形图。

核心代码解析:

```
1   #读取音频数据
2   a = wave.open('0.wav')
3   #返回音频的帧数
4   nf = a.getnframes()
5   #返回的是二进制数据
6   data = a.readframes(nf)
7   #将读取的二进制数据转换为一个可以计算的数组
8   w = np.fromstring(data, dtype = np.int16)
9   #除以最大值,使得所有的数字介于 - 1~1
10  w = w * 1.0 / (max(abs(w)))
11  #绘制波形图
```

3.1.4　拓展延伸

在商汤教育平台中提供了许多音频处理接口,登录平台可以录制自己的声音。

3.1.5 本节练习

计算机在录制声音的时候,从声波到音频文件一般主要经历哪 3 个阶段?

3.2 点歌播放

3.2.1 情景展现

语言是人类最自然的交互方式。计算机被发明之后,让机器能够"听懂"人类的语言,理解语言中的内在含义,并能做出正确的回答就成为人们追求的目标。在生活中,我们可以利用语音助手让小爱同学播放音乐(见图 3 - 10)、播报天气等。小爱同学不仅能够听到声音,同时也听懂了声音对应的含义。

图 3 - 10　点歌播放

3.2.2 思考探索

1. 点歌播放的过程

通过麦克风向小爱同学输入歌曲的名字信息,小爱同学通过语音识别对输入的信息进行处理,将声音转换成文字,再将关键词"虫儿飞"与乐库中的歌曲进行比对,最后输出最匹配的音乐,如图 3 - 11 所示。

试一试:尝试用手机助手(如小艺)点歌播放。

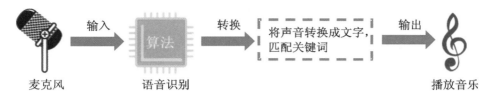

图 3 – 11　点歌播放的过程

2. 语音识别技术

语音识别技术,也被称为自动语音识别(ASR),就是让机器通过识别和理解过程把语音信号转变为相应的文本或命令的技术。通俗地说,就是与机器进行语音交流,让机器明白你在说什么。

3. 语音识别的过程

语音识别的过程如图 3 – 12 所示:麦克风采集声音→将声音保存在计算机中→分析声音特征→识别声母、韵母→识别单个汉字或词语→连成一句话。

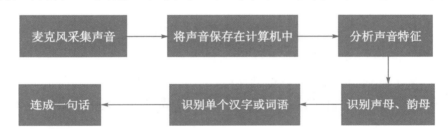

图 3 – 12　语音识别的过程

试一试:打开百度 APP,输入语音,如图 3 – 13 所示,看看其识别的内容是否正确。

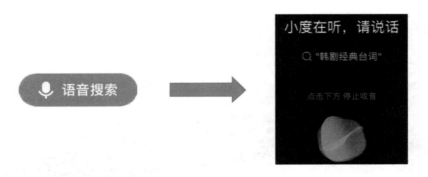

图 3 – 13　百度语音识别

4. 语音识别的应用

语音识别技术可以应用在以下几方面。

① 智能家居系统:日常生活中的开关照明灯、切换频道、开关空调等,如今都可以通过语音控制,如图 3-14 所示。用户只需要对遥控器简单地口述需要进行的操作,即可实现对各遥控功能的控制。

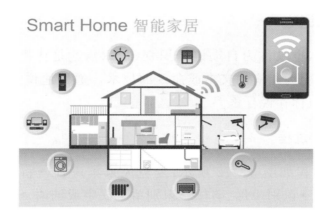

图 3-14　智能家居系统

② 车载智能语音交互系统:语音识别让驾驶员仅仅通过语音交互就可以使机器协助其实现导航控制、音乐播放、电话拨打及接听、开关空调等,如图 3-15 所示。这在很大程度上避免了司机因注意力分散而造成的交通事故,保证了行车安全。

图 3-15　车载智能语音交互系统

③ 音乐检索:基于语音识别的音乐检索,即听歌识曲,如图 3 - 16 所示,目前已经在 QQ 音乐、网易云音乐、酷狗音乐等多个平台投入使用。

④ 翻译领域:利用语音识别来完成同声传译,如图 3 - 17 所示,在一方说话的同时,一种语言被同步翻译成多种语言。

图 3 - 16   听歌识曲

图 3 - 17   同声传译

3.2.3   实战演练

利用商汤教育平台语音识别模块(安装步骤见附录 A)完成以下实验。

① 利用智能语音问答机,体验语音识别,如图 3 - 18 所示。

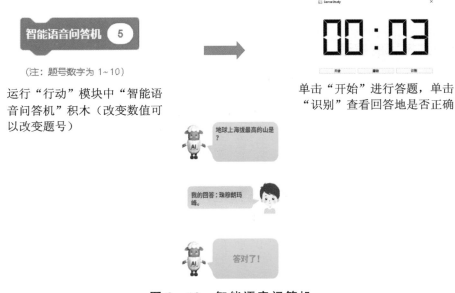

图 3 - 18   智能语音问答机

② 录制一段声音,观察声音的波形,如图 3-19 所示。

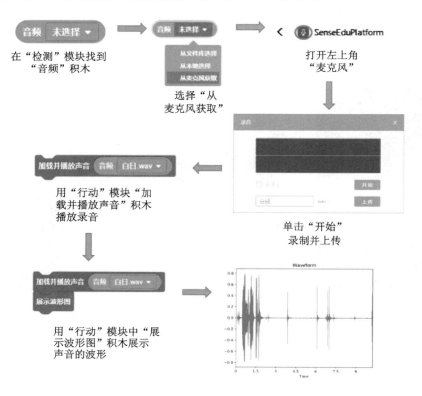

图 3-19 录制声音并观察其波形

3.2.4 拓展延伸

语音识别技术的瓶颈

(1) 噪声环境下识别率低

在有强干扰的情况(如嘈杂环境或多声源干扰)下会出现掩蔽效应,导致目标信号无法被准确识别。

(2) 方言问题

即便是同一种语言,同一国家的不同地区、不同个体的口音也存在着明显的差异,而目前市面上的语音识别系统都是在普通话的基础上扩展的。人耳识别方言尚有诸多沟通障碍,更不要说机器识别了。

(3) 理解能力有限

在不同语境和语气下,人脑可以对话语的意义进行准确的区分和判断,而机器却缺少这种对情感的把握和对一词多义的选择。特殊的语句对于机器来说很难辨别这里面的真实意思。比如,英文中的"OK"一词,机器很难区分我们表达的究竟是"OK?"还是"OK!"。

3.3 听歌识曲

3.3.1 情景展现

现在在各大音乐软件中,我们利用它的听歌识曲功能,就能只靠旋律搜索到音乐,如图 3-20 所示。接下来我们将介绍其中的原理。

图 3-20 听歌识曲

3.3.2 思考探索

1. 初识音乐的处理

每个人的指纹是不一样的,而每首乐曲的特征也是不一样的,所以每首乐曲也有"指纹",我们称它为音频"指纹"。原始音乐(见图 3-21)经过技术人员的转换成为声谱图(见图 3-22)后,音频"指纹"就显现出来。人工智能就是根据音频"指纹"来实现听歌识曲的。

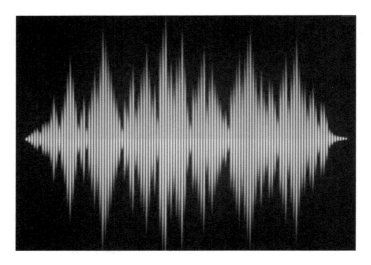

图 3 - 21　原始音乐图

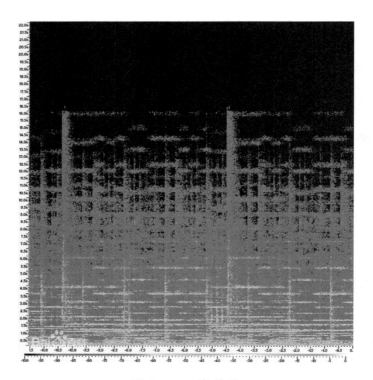

图 3 - 22　声谱图

2. 听歌识曲的工作原理

乐曲经计算机处理以后就形成了乐谱,如图 3 - 23 所示。当我们通过哼唱或者播放音乐片段去识别、查找歌曲的时候,人工智能通过片段寻找出对应的音乐,有如下两个步骤。

① 提取片段的特征。过去人们曾尝试将音高的变化作为检索基础,但效果并不理想。后来人们选择将音乐转换成频谱图,每隔几十毫秒提取一次标志点的特征,并将这种特征称为"指纹"(就相当于文字搜索中的关键词)。

② 匹配。只要找到同样的"指纹"串片段,就能找到目标。

图 3 - 23　乐谱图

3.3.3　实战演练

① 利用 QQ 音乐等音乐 APP 的听歌识曲功能,识别播放的歌曲。

② 尝试哼唱一首歌,看一看音乐 APP 是否能准确识别。

3.3.4　拓展延伸

音乐检索简介

音乐检索的方式主要分为两种:基于文本的检索和基于内容的检索。

(1) 基于文本的检索

基于文本的检索是通过输入歌曲名、歌手名或者歌词来检索歌曲的,此方式是目前最通用的方式。它通过对音乐库中的音乐进行特征标记来实现。每首音乐都有歌曲名、歌手名和歌词信息,用户检索时往往利用倒排索引进行关键词检索。基于文本检索的前提是用户知道歌曲的一些信息,这种方式在大多数情况下可以满足用户需求。但是这个限制在某些情况下是一个缺陷,很多时候,用户想检索的音乐是在路上行走时无意中听到的歌曲片段,可能是纯音乐,此时基于文本的检索就无能为力了。此外,对上千万首音乐的标记会是一个非常耗时的任务。

(2) 基于内容的检索

为了应对用户随时随地检索的需求,基于内容的音乐检索应运而生。基于内容的音乐检索无须用户提供关键词,而是通过原始的音频去检索。它具体又可以分为两种形式:哼唱检索和录音检索。

1)哼唱检索

哼唱检索是目前音乐检索研究的热点,它是通过用户哼唱音乐片段的方式进行检索。具体工作原理是:用户哼唱音乐的一个片段(片段长度通常在 10～15 s),然后上传片段到服务器,服务器通过相似度匹配返回和用户哼唱片段最相似的音乐。服务器不是通过将原始音乐直接进行匹配的方式检索,而是首先从音乐片段中提取特征,然后利用特征进行检索,最常用的特征是音乐的基频序列。哼唱检索的核心,即基频序列之间的相似度匹配。由于用户哼唱的片段和库中实际音乐的片段不可能完全相似,所以哼唱检索是一种模糊匹配。哼唱检索目前面临的最大问题是准确率的问题。

2)录音检索

在 QQ 音乐中该应用叫作听歌识曲。如字面所描述,录音检索通过录制一段音乐上传到服务器进行检索。它和哼唱检索的区别是录音检索不用用户哼唱,而是录制一段正在播放的音乐。在使用方式上,这种方式更为简单方便。由于录制的就是原始播放的音乐,所以录音检索不是模糊检索,而是一种精确匹配,采用的技术也和哼唱检索不同。录音检索已经有 10 年的历史,准确率也非常高,其最出名的应用可能就是 Shazam,当然 QQ 音乐的听歌识曲也很受欢迎。录音检索的匹配过程也不是在原始音乐上进行匹配,而是从原始音频中提取"指纹"来进行匹配。

3.4　智能音乐生成

3.4.1　情景展现

2017 年,美国女歌手 Taryn Southern 发布了一首新单曲"Break Free"。这首歌由人工智能完成编曲和部分 MV 的制作。创作过程是:Southern 写了一段主旋律,放入一个名叫 Amper Music 的人工智能音乐合成器,然后选择情绪、乐器、节奏等参数,Amper Music 自动生成副歌,添加和弦,将其变成一首完整的曲子。

人工智能真的能够作曲吗?

2017 年,英伟达公司发布了 AIVA 人工智能作曲模型,随后其迅速得到商用,被广泛用于网络视频的自动配乐。也正是这时候,音乐人工智能领域进入深度学习时代。

3.4.2 思考探索

1. 音乐生成起源

1791 年,天才作曲家莫扎特英年早逝,一首《安魂曲》留给世人无数浪漫的想象。两年之后,出版商在柏林公开了据说是他生前创作的一套随机乐曲生成系统,后世称之为莫扎特的音乐骰子游戏,如图 3-24 所示。这款小游戏由 176 条小步舞曲小节、96 条三重奏小节、两张写满数字的规则表以及两粒六面骰子组成。游戏的规则非常简单,两粒骰子被随机投掷 16 次,根据骰子显示的数字,规则表中对应的小步舞曲片段被依次选定,组成了一支小步舞曲。同样,一粒被随机投掷 16 次的骰子就能够谱出一段三重奏。这个简单的游戏总共可以生成 11^{16}(四千多兆)的小步舞曲段和 6^{16}(两千多亿)的三重奏段。

图 3-24 莫扎特和他的音乐骰子游戏

2. 音乐的构成要素

音乐本质上是由音符和和弦组成的。从钢琴的角度来解释这些术语:

音符(Note):一个键发出的声音叫作音符。

和弦(Chords):由两个或多个键同时产生的声音称为和弦。一般来说,大多数和弦至少包含 3 个关键音。

八度(Octave):重复的模式称为八度。每个八度音阶包含 7 个白色键和 5 个黑色键。

3. 两种音乐生成

① 自动生成:基于各种技术进行全自动音乐生成,而创作者仅指定风格参数。英伟达公司的 AIVA 就是一个典型的例子。

② 辅助作曲:算法为人类的作曲做出建议和补充,共同进行作曲。Flow-Conmposer 是一个典型的例子。

目前大部分算法都属于第一类,第二种方法在很多情况下是第一种方法的组合和变体。

3.4.3 实战演练

莫扎特的音乐骰子游戏,通过丢骰子的方法自动选择小节组合,组合出来的完整音乐仍然悦耳,但是创作的过程带有一定的随机性。下面让我们通过一个开放平台来体验一下吧!

① 打开浏览器,在地址栏输入网址(https://vician.net/cs/mozart),如图 3-25 所示。

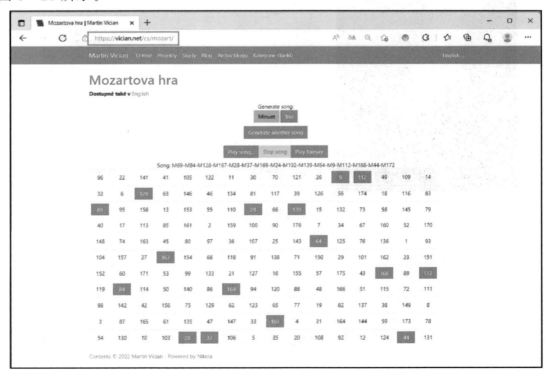

图 3-25　莫扎特的音乐骰子游戏平台

② 单击不同的数字欣赏音乐片段。

③ 随机生成一段音乐来欣赏,看看不同的音乐片段组合在一起会得到什么样的音乐效果,体会人工智能自动生成音乐的原理。

3.4.4　拓展延伸

人工智能作曲并不稀奇,学术界把这个领域叫作算法作曲(Algorithmic Composition),关键词是音乐生成(Music/MIDI Generation)。下面推荐 4 个应用平台:

(1) Amper Music

Amper 为用户提供了 Classic Rock、Modern Folk、90′s Pop 和 Cinematic 4 个类别的作曲风格,每类风格又有将近 10 个细分风格可以选择。在曲子生成之后,可以对风格、乐器、节拍和长度进行重新调整,然后再次生成。

(2) A. I. Duet-Google Magenta

来自 Google Brain 的在线交互钢琴,在用户弹奏少量音符的情况下,根据音乐的相符度自动弹奏出搭配音乐。

(3) The Infinite Drum Machine

来自 Google Brain 的交互式的自动敲鼓机器。

(4) 百度看图作曲

通过分析照片或某幅画后确定主题、情绪和含义,然后访问乐谱数据库并找到与之匹配的音乐片段,最终将它们组合在一起。

3.4.5　本节练习

人工智能生成的音乐与传统创作的音乐有什么不同? 它能完全替代人类写歌吗?

第4章 生活中的智能应用

随着人工智能的发展,它越来越深刻地改变着人们的生活和生产方式。它融入我们的日常生活,提高了我们的生活品质及生产效率,帮助我们承担高难度、有风险的工作。与传统的动力工具相比,人工智能使我们的生活越来越美好。

4.1 智能医疗

4.1.1 情景展现

在医院里,自助挂号机正逐步取代人工挂号。大部分人都选择在网上预约挂号,因为网上预约挂号可以精确到某一时间段,病人只需要比预约时间提前一点到医院就诊就可以。医院门诊再也没有黑压压排队挂号的人群,就医秩序比以前好了很多。不仅如此,越来越多的智能设备被引入医疗行业,为医疗事业做出贡献。

4.1.2 思考探索

目前,人工智能在医疗领域的应用主要包括智能诊疗、医疗机器人、医学影像智能识别、智能健康管理、药物智能研发等方面,如图4-1所示。

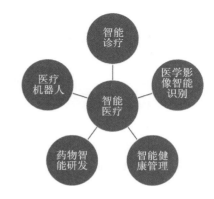

图4-1 人工智能在医疗领域的应用

1. 医学影像智能识别

医学影像智能识别主要指通过计算机视觉技术对医疗影像进行快速读片和智能诊断。医疗影像数据是医生诊断疾病的重要参考资料,智能图像识别技术能够快速准确地标记特定异常区域供医师参考,大大提高了图像分析效率,可以让医生把更多的精力放到需要研究、判定的问题上。图 4 - 2 所示为智能医疗影像辅助诊断系统。

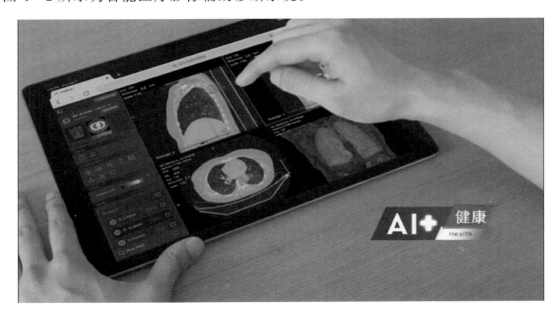

图 4 - 2 智能医疗影像辅助诊断系统

2. 智能诊疗

智能诊疗助手可以通过语音识别、自然语言处理等技术,将患者的病症描述与标准的医学指南对比,为用户提供医疗咨询、自诊、导诊等服务。智能语音助手能够帮助医生将口述的病例转化成电子病历,省去打字的缓慢环节,并将医生口述的医嘱按照患者基本信息、检查史、病史、检查指标、检查结果等形式形成结构化的电子病历,提高就诊效率。图 4 - 3 所示的手机智能导诊系统能根据患者的病症描述,推荐多个医院的挂号科室供用户选择。

3. 医疗机器人

医疗机器人种类很多,机器人被应用在了不同方面,例如临床医疗、护理、医用教学和为残疾人服务等方面。随着我国医疗领域机器人应用的逐渐被认可和各诊疗阶段机器人应用的普及,医疗机器人,尤其是手术机器人,已经成为医疗领域的"高需求产品"。在传统手术中,医生需要长时间手持手术工具并保持高度紧张状态,而手术机器人的广泛使用使医疗技术有了极大提升。手术机器人视野更加开阔,手术操作更加精准,减小了患者的创伤面和失血量,有利于患者伤口愈

图 4-3　手机智能导诊系统

合,可使患者减轻疼痛。图 4-4 所示的胶囊内镜机器人看起来跟胶囊十分相似,它包含传感器、数据传输系统。与传统的插管检查方式相比,它更加温和,对人体伤害更小。图 4-5 所示的智能护理机器人能自动完成给患者送药等任务,它们的出现大大减少了医院的人力劳动。自动消毒机器人更是可以代替医护人员在疫区进行消杀工作,降低了医护人员感染病毒的风险。

图 4-4　胶囊内镜机器人

图 4-5　智能护理机器人

4. 药物智能研发

制药企业纷纷布局人工智能领域,人工智能主要被应用在新药研发和临床试验阶段。人工智能大数据整理可以从散乱无章的海量信息中提取出能够推动药物研发的知识,提出新的可以被验证的假说,从而加速药物研发的过程。

5. 智能健康管理

健康管理服务已经逐渐渗入日常生活,尤其以运动、心律、睡眠等检测为主的移动设备发展最快。穿戴的智能设备能检测并收集多项健康指标,将采集的健康数据上传到云数据库形成个人健康档案,并通过数据分析建立个性化健康管理方案。图 4 - 6 所示的灵医智慧中台里面包含 18 000 种药品知识预置等。它就像常驻家里的"家庭医生"一样,语音随访,节约管理人力;基于患者测量数据,发现异常及时干预。

图 4 - 6　灵医智慧中台

4.1.3　实战演练

① 找一找你身边有关智能医疗的应用,如手机 APP、智能设备等,图 4 - 7 所示为医院智能 APP。将你的发现写到表 4 - 1 所列的调查报告中。

图 4-7 医院智能 APP

表 4-1 调查报告

我身边的智能医疗小发现	以前的做法	人工智能的做法

② 使用身边的智能穿戴设备,如图 4 - 8 所示的智能手环,收集自己每天的健康数据,例如心跳、步数等。

4.1.4　拓展延伸

你能用学过的编程知识模拟一个智能计步器吗?

图 4 - 8　智能手环

4.2　搜索引擎

4.2.1　情景展现

当你在学习中遇到困惑的时候,当你外出旅行需要提前了解当地风土人情的时候,当你需要了解某所学校基本信息的时候……快速获取信息变得尤为重要。在人工智能时代,信息搜集变得越来越容易,其最常用的方法就是使用搜索引擎。

4.2.2　思考探索

在大数据时代,网络中的信息浩瀚如海,要快速找到需要的资源不是一件容易的事情。现在,在搜索引擎的帮助下,我们可以输入关键词进行快速搜索,搜索引擎启用相应的搜索算法将信息返回来,并且按照匹配度排序,让我们最先看到匹配度高的资源。图 4 - 9 所示为百度搜索引擎。

图 4 - 9　百度搜索引擎

常见的搜索引擎的工作过程(见图 4 - 10)分三个阶段:一是在互联网上抓取网页信息,并存入原始网页数据库;二是对原始网页数据库中的信

图 4 - 10　搜索引擎的工作过程

息进行提取和组织,并建立索引库;三是根据用户输入的关键词快速找到相关资源,并对找到的结果进行排序,最后将查询结果返回。

目前流行的搜索引擎见表 4 - 2 所列。

表 4 - 2 目前流行的搜索引擎

名称及网址	示　例
百度搜索 https://www.baidu.com	
360 搜索 https://www.so.com	
搜狗搜索 https://www.sogou.com	
必应 https://cn.bing.com	
有道 http://www.youdao.com	

4.2.3　实战演练

1. 使用百度搜索引擎

① 打开浏览器,在地址栏输入网址(https://www.baidu.com),打开百度搜索引擎,如图 4 - 11 所示。

图 4 - 11　打开百度搜索引擎

② 在百度搜索栏输入搜索引擎,并对搜索出来的结果进行查看,如图 4 - 12、图 4 - 13 所示。

图 4 - 12　输入关键词

图 4 - 13　搜索结果

2. 使用其他搜索引擎

输入相同的关键词,对比搜索结果的不同,谈谈你的搜索感受,并将其列在表 4 - 3 中。

表 4 - 3　我使用的搜索引擎及搜索感受

我使用的搜索引擎	我的感受

4.2.4　拓展延伸

下一节的内容是人工智能天气预报,你能利用本节所学的搜索引擎的知识,提前找一些相关的资料吗?

4.3　人工智能天气预报

4.3.1　情景展现

假期到了,外出旅游的人越来越多,大家在出游之前都非常关注目的地的天气情况,以便做好相关物品的准备,如图 4 - 14 所示;另外,每逢梅雨季节,持续天阴有雨、台风屡屡造访,让沿海城市的居民不得不时刻关注天气预报,保持警惕,如图 4 - 15 所示,提前获取天气信息很重要。在日常生活中,获取天气预报的方式多种多样,表 4 - 4 所列为获取天气信息方式的调查表。

图 4 - 14　天气预测

图 4 - 15　天气预测的重要性

表 4 - 4　获取天气信息方式的调查表

方　式	你的选择	原　因
电视		
报纸		
广播		
手机		
……		

　　天气预报是预测科学,不可能实现 100% 的精准。人工智能是如何预测天气

情况的,让我们一起来探索吧。

4.3.2 思考探索

1. 传统天气预报

传统天气预报依靠气象雷达站收集数据,气象雷达站往往建在高山上或者高的建筑物上,它可以向周围 230 km 范围内发射无线电波,就像蝙蝠一样。有了天气雷达(见图 4 - 16),就像你有了一副顺风耳,你可以听到几百千米以外是否正在下雨。

图 4 - 16　天气雷达

气象观测员通过观看如图 4 - 17 所示的图像,给人们做出气象预报,绿色部分是小雨,黄色部分是中雨,红色的部分可能是大雨,紫色的部分可能就是冰雹。图 4 - 17 所示的钩状回波,就是龙卷风在雷达图像上的明显特征。气象观测员通过分析雷达图,发现异常及时提醒大众。

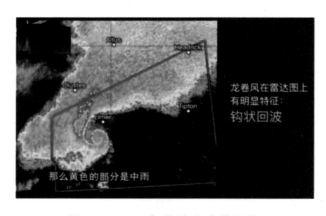

图 4 - 17　天气雷达生成的图像

但是这样的方式不可能实现 24 小时预报,当遇到极端天气时,可能不能在第一时间通知所有人做好防范工作。而智能化的防御系统可以自动识别异常天气，在异常天气接近时，自动分级别预警并及时通知相关人员。

2. 人工智能天气预报

随着人工智能和大数据的发展，气象观测网络逐步建立，如图 4-18 所示。人工智能天气预报通过人工智能算法，可以大大提高计算机的预测准确率，从而实现天气预报越来越准的目标。

图 4-18 气象观测网络

人工智能天气预报首先构建了一个深度神经网络，它使用超大 GPU 计算，对雷达图进行累积和分析。通过长时间不断地累积和学习，每当有异常的天气情况出现时，机器就自动知道到底会不会下雨。这种方法并不是按照某些公式计算出来的，而是通过神经网络高速机器计算出这种情况能下雨、那种情况不能下雨，计算机就自己学会了哪些情况是有雨的。

4.3.3 实战演练

1. 用百度搜索引擎查询天气预报

① 打开浏览器，在地址栏输入网址（http://www.baidu.com），打开百度搜索引擎。

② 在搜索框中输入要查询的内容（如青岛天气预报），会弹出搜索内容，如图 4-19 所示。

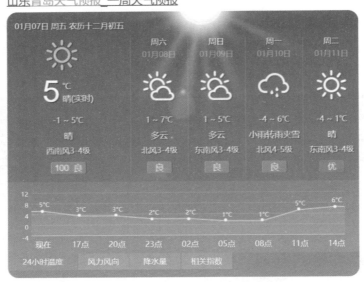

图 4 - 19 用百度搜索引擎查询天气预报

③ 单击链接,会查询到详细的天气情况,如 24 小时预报(见图 4 - 20)及生活气象指数(见图 4 - 21)、15 天天气预报(见图 4 - 22)及未来 40 天天气预报(见图 4 - 23),为出行做好准备。

图 4 - 20 24 小时预报

图 4 - 21 生活气象指数

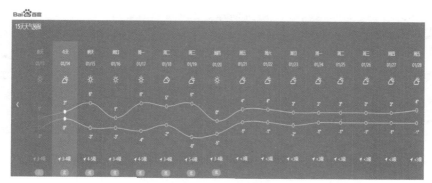

图 4 - 22　15 天天气预报

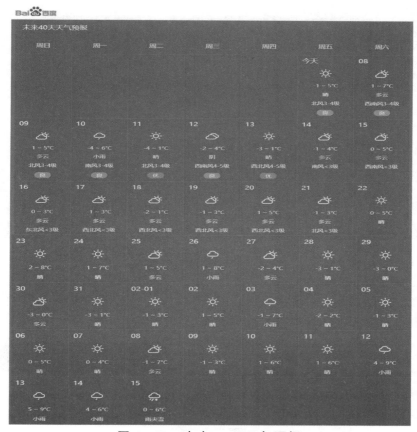

图 4 - 23　未来 40 天天气预报

2. 用移动终端查询天气预报

① 打开移动终端上的天气预报 APP，如图 4 - 24 所示。

② 进入后，始终允许使用地理位置自动定位。

③ 查询 24 小时预报（见图 4 - 25）、15 日天气预报（见图 4 - 26）及未来 40 天天气预报。

图 4 - 24　天气预报 APP

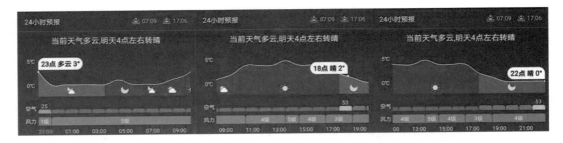

图 4-25　24 小时预报

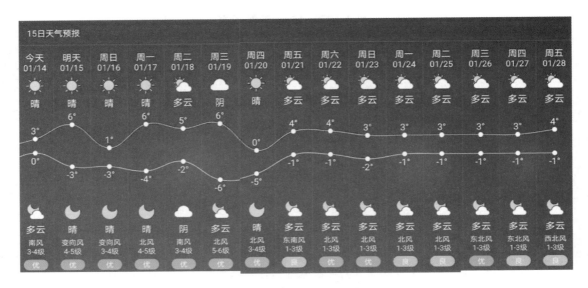

图 4-26　15 日天气预报

④ 如果需要查询其他地区的天气预报,可以打开城市管理界面,添加相应的城市并查询其天气预报,如图 4-27 所示。

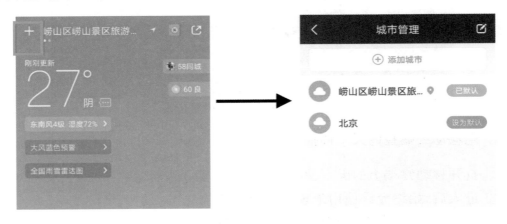

图 4-27　打开城市管理界面添加城市并查询其天气预报

3. 用 Mind＋编写程序查询天气情况

① 安装 Mind+（见附录 B）。

② 编写程序并调试。

（a）在"扩展"模块中选择"网络服务"中的"获取天气""文字朗读"模块（见图 4 - 28）。

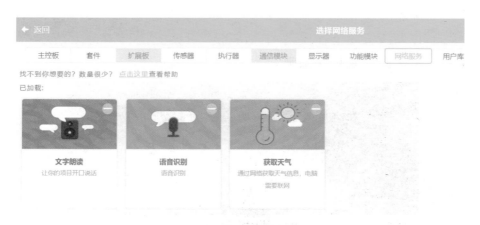

图 4 - 28　网络服务界面

（b）编写一个简单的获取某地的天气情况的小程序。当单击绿旗运行时，语音播报天气或你所需要的最高温度和最低温度（见图 4 - 29）。

图 4 - 29　程序界面

4.3.4　拓展延伸

你能用 Python 来模拟人工智能天气预报的过程吗？

提示：1 代表 1 分钟后下雨；2 代表 2 分钟后下雨……

机器在深度学习之后会形成很多数字数据，当再次遇到这个数据时会自动给出结果。

4.4 智慧农场

4.4.1 情景展现

随着人工智能的发展,我们的生活到处都充满了"智慧"。图 4 - 30 所示为智慧农业控制中心,看,农民坐在屋内,看着大屏幕,就能把农作物照顾好,而且农作物长势喜人。让我们一起来探索吧。

图 4 - 30 智慧农业控制中心

4.4.2 思考探索

智慧农场

智慧农场借助物联网技术,把感应器和装备嵌入农场物体中,运用传感器与软件,通过超级计算机和云计算将农场物联网整合起来,实现移动终端或计算机平台对农业生产的控制。它主要有监控功能系统、监测功能系统、实时图像与视频监控功能系统。智慧农场拓扑图如图 4 - 31 所示。

温室大棚中安装有各种传感器(如湿度传感器、温度传感器等)。环境数据采集器(见图 4 - 32)通过人工智能技术准确实时地采集温室的作物生长环境数据(如空气温度、空气湿度、土壤湿度等)。远程控制器根据农作物生长需要对农业设施(如风机、湿帘、滴灌、喷灌、天窗等)实现手动或自动控制,从而保证温室大棚中农作物的最佳生长环境,以提高农产品的质量和产量。

在温室大棚中用到的传感器主要有温度传感器、湿度传感器、光照传感器等。温度传感器可以检测空气的温度和土壤的温度;湿度传感器可以检测空气的湿度和土壤的湿度。传感器主要性能指标见表 4 - 5 所列。

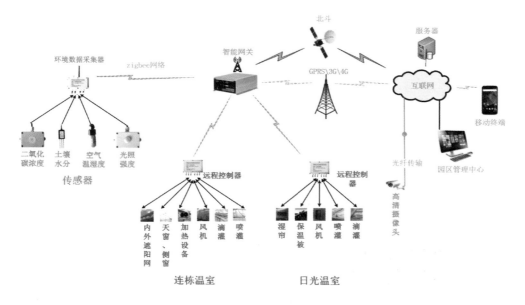

图 4 - 31　智慧农场拓扑图

表 4 - 5　传感器主要性能指标

功　能	检测范围	最大误差
空气温度检测	−40～+90 ℃	±0.5 ℃
空气湿度检测	0～98 %RH	±4.5 %RH
光照强度检测	0～65 535 lx	±5% lx
土壤温度检测	−40～+80 ℃	±0.5 ℃
土壤湿度检测	0～100 %RH	±4.5 %RH

　　以上数据还可以通过手机上的智能监控 APP 获得,如图 4 - 33 所示,以实时监测温室大棚中农作物的生长情况。农民还可通过摄像头随时远程查看现场监控视频。

图 4 - 32　环境数据采集器

图 4 - 33　手机上的智能监控 APP 显示的监测数据

智慧农场借助于人工智能及物联网技术,通过在线实时监测、调控环境的温度、湿度、PH 酸碱度、土壤养分等,有效节省水电资源和劳动力,提高农作物的产量和质量,从而实现农业增效和农民增收。

4.4.3 拓展延伸

学习了本节内容以后,你来设计一个心目中的智慧农场吧,要体现出"智慧"哦!

设计图:

4.5 智慧校园

4.5.1 情景展现

小明在学校里上了别开生面的一堂课,他和上海的同学坐在教室里,跟着老师参观了上海航空科普馆,了解了飞机的发展历史和国家的发展成就。小明虽然人在学校,但是能隔空参观,还能与上海的同学同步听课、回答问题,这极大地激发了小明的好奇心,这种情景式的学习让小明产生了极大的兴趣。智慧校园正在逐步改变着学校的各个方面,让我们一起去探究吧。

4.5.2　思考探索

智慧校园是以各种应用服务系统为载体,将教学、安全、管理等融合为一体,从而实现智慧化服务和管理的校园模式。

我们可以利用先进的信息技术手段,通过可穿戴设备及手机、平板计算机等安装相应的服务系统,实现电子打卡签到、人脸红外测温等功能,为学校的管理保驾护航。图 4-34 所示为人脸测温监控管理系统。

图 4-34　人脸测温监控管理系统

1. 智慧教——线上教学与作业发布

老师可以利用钉钉平台或腾讯课堂进行线上教学。如图 4-35 所示,在上课前进行课前设置,选中自动生成回放,设置结束后,学生可通过相应平台进行观课。老师发起直播或者视频会议,可以将课件共享到每个学生的终端上,可以随机点名并且可以互动。传统课堂听不清、看不见等弊端烟消云散,其最大的优势是数据实时反馈,多少学生在线一目了然。

学生的观课情况在平台上都有相应的记录,如图4-36所示。平台还可对学生进行考勤签到。在听课过程中,学生可以举手回答问题,老师可利用"随机点名"随机抽取学生回答问题并进行奖励。如果学生有哪个知识点没有听明白,可以课下观看回放,进行二次学习,这与线下课堂有很大的不同。

老师授课结束后,可以在钉钉平台、腾讯课堂或高效课堂云平台进行作业发布,如图4-37所示。作业可以发布给多个学生,即使学生不在线也不会漏掉作业,因为

图4-35 腾讯课堂课前设置

学生登录平台就可以收到老师发布的作业。作业形式可以多种多样,老师可以发布选择题、填空题、问答题,也可以发布小检测题,不需要纸质版本,避免了请假学生书面作业难以及时接收到的问题。只要网络在作业就在,其不受地域的限制和天气的影响。

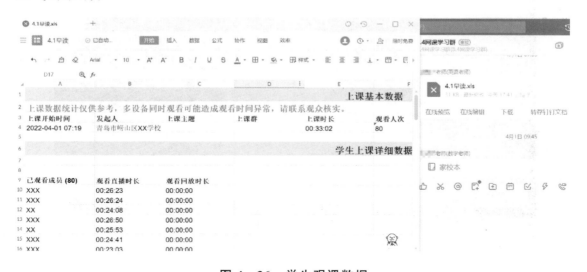

图4-36 学生观课数据

为满足不同学生的需求,高效课堂云平台还可以实现作业个性化及靶向训练。老师可以进行错题汇总,布置靶向作业,如图4-38所示。学生把错题做对后,题目就会从本人的错题库中移出,避免机械性、重复性作业,减少无效学习时间。

这些都是智慧校园的组成部分。老师可以非常准确地发布作业完成时间;作业也实现了多维化和数字化,可以是一段视频,可以是一段录音,也可以是一个微课,打破了"一笔走天下"的传统教学模式。

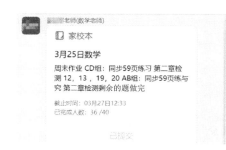

老师(数学老师)
家校本
3月25日数学
周末作业 CD组：同步59页练习 第二章检测 12，13，19，20 AB组：同步59页练与究 第二章检测剩余的题做完
截止时间：03月27日12:33
已完成人数：36 /40
已提交
3月25日数学
预计需40分钟
昨日12:33 已截止
周末作业
CD组：同步59页练习 第二章检测 12，13，19，20
AB组：同步59页练与究 第二章检测剩余的题做完
老师 布置于 03-25 09:49

图 4－37　作业发布

2. 智慧学——提交作业

利用各种智能平台提交的作业可以有多种形式，可以是视频、音频、照片、文字等。

平台可以按照老师设定的标准答案自动完成非主观题的智能批改，并且马上形成数据反馈到家长的终端上。家长可以看到学生哪些题目处于劣势，可以让其进行更有针对性的巩固和强化。

老师可以看到总体的数据分析，对题目的分析、学生的分析、成绩优劣的分析、学生学习动态的分析等。学生提交作业数据如图 4－39 所示，学生知识点掌握数据如图 4－40 所示。上传即批完，批完即分析完，平台立即就能形成数据式的练习题分析，提高了老师的工作效率。

高效课堂云平台中的“AI 作业本”既能满足课堂上的随堂练习，又能满足课后练习，还能帮助学生自动收集错题。

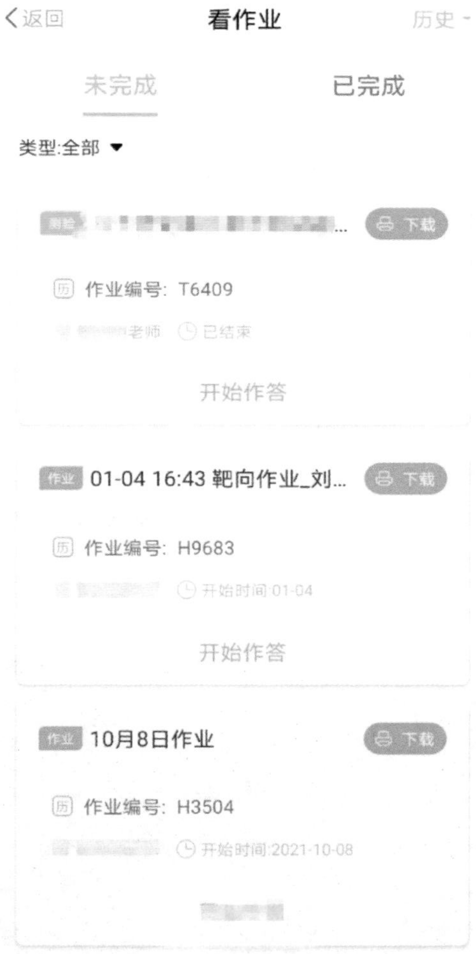

返回
看作业
历史
未完成
已完成
类型:全部
下载
作业编号：T6409
已结束
开始作答
作业
01-04 16:43 靶向作业_刘...
下载
作业编号：H9683
开始时间 01-04
开始作答
作业
10月8日作业
下载
作业编号：H3504
开始时间:2021-10-08

图 4－38　学生的靶向作业

3. 智慧评价

学生在各种系统平台的上课学习情况、提交作业情况只是单次的表现，或者

| 【青岛版】科学六年级下册（六... ∨ | 课程主 | 作业中 | 知识点掌握 | 习题收 | 班级管 | 课程管 |

编号：H3797　发布时间：05/03 11:58　习题数量：20　提交情况：▬▬▬　29/42

XXXX小学科学练习题　　　　　　　　　　　　　　🖨 打印　⋘ 分享　••• 更多

编号：H9387　发布时间：04/29 19:45　习题数量：37　提交情况：▬▬▬　40/41

图 4 – 39　学生提交作业数据

| 【青岛版】科学六年级下册（六... ∨ | 课程主 | 作业中 | 知识点掌握 | 习题收 | 班级管 | 课程管 |

知识点树状图　学生掌握值　　　　　　　　　　　　　　 ? 如何提高知识点掌握值？

班级：**02班**　03班

🏷 分析

知识点分类	掌握值		变化	操作
▶ 走进科学		0%	－ 0%	
▶ 用感官观察		0%	－ 0%	
▶ 保护环境		0%	－ 0%	
▶ 我眼里的生命世界		12.93%	↑ 6.83%	
▶ 关心天气		10.86%	↑ 0.74%	

🏷 掌握值较弱的知识点

人生之旅	3.38%
寻找遗传...	6.62%
神奇的能量	6.67%
太阳系大...	7%
地球的内部	7.14%

反馈

图 4 – 40　学生知识点掌握数据

是一天、一周的情况。学生在一学期内或者是几年时间里的表现情况如何，可以通过智慧校园的评价系统给出综合素养评价。在评价系统中，通过老师评价、家长评价、自我评价、同伴互评等多元评价主体，全面采集、存储、传递、汇总学生学习生活过程的数据信息，如图 4 – 41 所示，并对评价数据进行挖掘和分析，激发学生的内在发展动力。

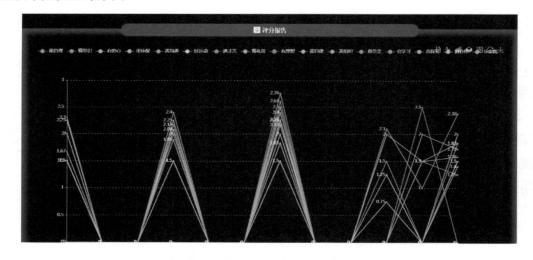

图 4 – 41　评价系统统计数据

4.5.3　实战演练

1. 从小程序中体验学习 APP 的"智慧"所在

① 在微信中搜索"乐学助手"小程序，如图 4 - 42 所示。

图 4 - 42　"乐学助手"小程序

② 进入小程序，选择"词句跟读评分"模块，如图 4 - 43 所示，并设置教材。

图 4 - 43　"乐学助手"功能界面

③ 进入教材中，选择跟读的单元及课时，单击"录音"按钮后跟读词句，系统会根据录音自动评判分数，如图 4 - 44 所示。

2. 在网页上体验人工智能写作

打开百度搜索引擎，在搜索框中输入关键词"秘塔写作猫"，并打开"秘塔写作猫"网站，单击"上传文档"按钮，如图 4 - 45 所示，上传文档。对上传的文档，系统自动给出修改方案，如图 4 - 46 所示。

图 4-44 评分界面

范文——赵州桥

河北省赵县的洨河上，有一座世界文明的石拱桥，叫安济桥，又叫赵州桥。它是隋朝的石匠李春涉及和参加建造的，到现在己经有一千三百多年了。

赵州桥非常雄伟。桥长五十多米，有九米多宽，中间行车马，两旁走人。这么长的桥，全部用石头砌成，下面没有桥墩，只有一个拱形的大桥洞，横跨在三十七米多宽的河面上。大桥洞顶上的左右两边，还各有两个拱形的小桥洞。平时，河水从大桥洞流过，发大水的时候，河水还可以从四个小桥洞溜过。这种设计，在建桥史上是创举一个，既减轻了流水对桥身的冲击力，使桥不容易被大水冲毁，又减轻了桥身的重量，节省了石料.

这座桥不但坚固，所以美观。桥面两侧有石栏，栏板上雕刻着糊里糊涂的图案：有的刻着两条相互缠绕的龙，嘴里吐出美丽的水花；有的刻着两条飞龙，前爪相互抵着着，各自回首遥望；还有的刻着双龙戏珠。所有的龙似乎都在游动，真像活了一样。

赵州桥体现了劳动人民的聪明才智，是我国宝贵的历史遗产。

图 4-45 上传文档界面

图 4-46 系统给出修改方案

4.5.4 拓展延伸

智慧批阅

传统的作文批阅是让几乎所有语文老师"头疼"的工作。小到错别字，大到谋篇布局，老师拿着红笔圈圈画画，把自己改得头昏眼花，学生拿到作文后再进行修改。这种"精批细改"的方式,不仅让老师重复繁重的脑力劳动,还会降低学生的写作能力和信心。随着人工智能的发展,它极大地改变着学校中的教育教学活动。智慧批阅的方式可以减轻老师的负担,还会激发学生对写作的兴趣。学生上传作文后,人工智能助手在几秒钟内就能针对提交的作文给出详细的批改结果(见图 4 - 47),并给出总体评价意见(见图 4 - 48),给出恰当的眉批,指出作文的精彩之处和需要修改的地方,同时,还可针对作文中的知识点给出扩展知识。学生可根据详细的批改意见不断修改作文,再次上传作文。在此过程中,学生会及时看到分数的变化,这会增加学生的写作信心。

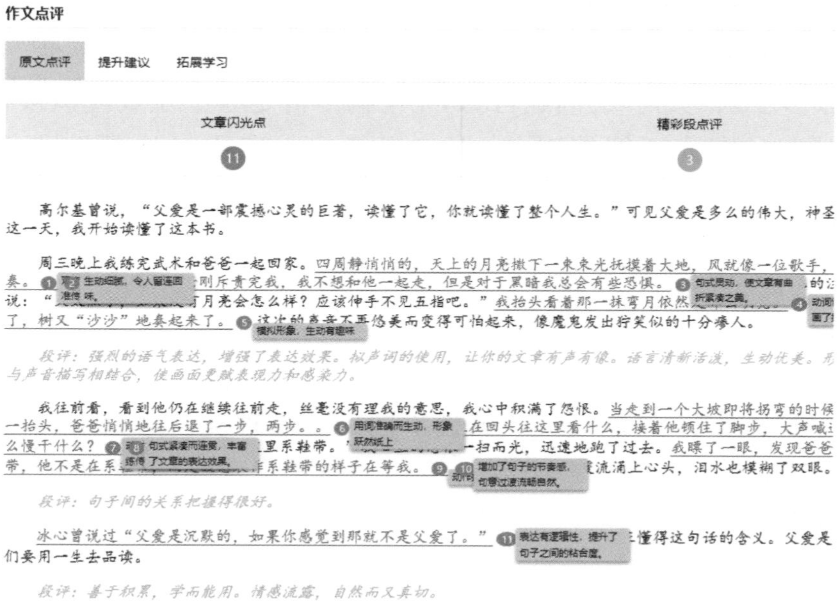

图 4 - 47 详细的批改结果

图 4 - 48 总体评价意见

4.6　智能垃圾回收

4.6.1　情景展现

伴随着经济的飞速发展,人们的生活水平不断提高,日常产生的垃圾也越来越多。如果这些垃圾不能被分类管理,将会对土壤、空气等造成很大危害。随着全国垃圾分类的有效开展,越来越多的居民知道垃圾分类的重要性。与此同时,这也带来很多令人"头疼"的问题,比如完全搞不清楚哪些垃圾应该被扔在哪个类别的垃圾桶里。在人工智能时代,人工智能技术能更好地帮助我们进行垃圾分类。

4.6.2　思考探索

垃圾分类,是指按照垃圾的成分、属性、利用价值以及对环境的影响,并根据不同处置方式的要求,将垃圾分成属性不同的若干种类。简单来说,垃圾分类就是将垃圾分类投放、分类收集、分类运输和分类处理,充分利用可回收垃圾、减少垃圾对环境的污染。分类垃圾桶如图 4 - 49 所示。

图 4 - 49　分类垃圾桶

请将表 4 - 6 所列的垃圾的对应类别填入表格中。

表 4 - 6　垃圾分类

垃　　圾	垃圾类别
电池、过期药品	
菜叶、香蕉皮	
纸壳	
花盆	

目前已经有多项技术可以实现垃圾分类。

① 借助现在的图像分类方法对垃圾进行识别和分类。首先我们使用成像设备将垃圾拍成电子图像，并将图像传给计算机；然后计算机启动识别程序，识别出物体的特征，并把这些特征与学习数据比对；最后对它进行分类。这种分类方法比较准确，相对人脑来说不容易出错。

② 借助现在的语音识别技术分类垃圾。投放者直接告诉智能设备所要投放的垃圾名称，智能设备通过分析语音明白人们的说话内容，最后它通过匹配使投放者获得正确的垃圾分类。

4.6.3　实战演练

1. 体验图像识别垃圾分类

打开百度 APP 搜索关键词"垃圾分类"，对垃圾进行拍照识别，体验图像识别垃圾分类，如图 4 - 50 所示。

2. 用微信小程序体验语音识别垃圾分类

① 在微信中搜索"垃圾分类"小程序。

② 在小程序中单击"语音识别"按钮，输入需要扔掉的垃圾名称，就会看到垃圾分类列表，如图 4 - 51 所示。

③ 如果所输入的语音没有匹配到垃圾分类，也可以手动查看 4 种垃圾分类的列表，如图 4 - 52 所示。

图 4-50 图像识别垃圾分类

图 4-51 语音识别垃圾分类

图 4 - 52　垃圾分类列表

4.6.4　拓展延伸

对于垃圾分类,你还有哪些好的想法?

第 5 章　智能语音识别

语言让我们彼此认识，相互了解。我们要想听懂对方的语言，就要学习、了解其所使用的语言。如果能让机器了解我们的语言，并让其听懂我们所说的话，那么这个过程就是人与机器交流的过程。机器听懂我们语言的过程就是语音识别的过程。

5.1　语音识别的准确率与数据

5.1.1　情景展现

学校要举行一场以"爱我家乡"为题的作文大赛，要求同学们将作文写在Word 文档中，然后发送到学校指定的邮箱进行评比，如图 5-1 所示。

图 5-1　参加作文大赛

5.1.2　思考探索

当我们用语言跟机器交流的时候,机器是怎样听懂我们的语言并理解我们的意思呢?

概括地说,语音识别的原理其实并不难理解。首先设备收集目标语音;然后对收集到的语音进行一系列处理,得到目标语音的特征信息;接着让特征信息与数据库中已存数据进行相似度搜索比对,评分高者即为识别结果;最后通过其他系统的接入来完成设备的语音识别功能。其过程如图 5-2 所示。

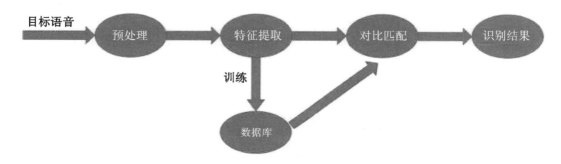

图 5-2　语音识别的过程

当我们用语音跟机器交流的时候,如果机器能完全听懂我们的意思,说明语音识别的准确率高;如果机器不能完全听懂我们的意思,存在识别错误或识别不了的情况,说明语音识别的准确率低。

准确率是评价语音识别功能好坏的一个重要标准,准确率高说明语音识别的功能好,准确率不高说明语音识别的功能不好。正如你与别人交流,如果对方能完全听懂你的意思,那么交流就是有效的、愉悦的;如果对方听不懂你的意思,那么交流就是无效的、痛苦的。

我们当然希望语音识别的准确率高,这就需要一个重要的环节——对比匹配。当我们听到一个词语或者一句话的时候,耳朵接收声音信号并将其传给大脑,大脑快速反应,搜索脑海中的词汇,根据句子的上下文判断出是哪个词汇,然后理解整个句子。

语音识别中的数据就像人的大脑中的词汇、句子。假如大脑没有学习、存储过"苹果"这个词汇,当我们说"苹果"的时候,大脑自然不能理解它是什么意思,也不能联想起它的样子。同样,如果机器的数据中没有存储过"苹果"这个词汇,当我们用语音跟机器交流"我爱吃苹果"时,机器也就不能理解这句话。

人类大脑需要不断地学习,记下很多的知识,我们才能更好地进行交流。机器要想语音识别的准确率高,也需要不断地填充数据,存储很多词汇,才能"听懂"

主人的话。

5.1.3 实战演练

　　用计算机打开 Word 文档,将输入法切换到讯飞输入法,然后使用该输入法的语音功能,用普通话朗读一首古诗:"床前明月光,疑是地上霜。举头望明月,低头思故乡。"

　　看看你的 Word 中是否已经自动输入了这首古诗,如图 5-3 所示。

床前明月光,　疑是地上霜。　举头望明月,　低头思故乡。

图 5-3　语音输入古诗

　　当我们在 Word 中输入一些常用词汇,尤其是一些名诗名言的时候,输入法总会根据后输入的内容来自动修改前面输入的内容,使整个句子最符合我们要表达的意思。

5.1.4 拓展延伸

　　讯飞输入法(原讯飞语音输入法),是由中文语音产业领导者科大讯飞推出的一款输入软件。它集语音、手写、拼音、笔画、双拼等多种输入方式于一体,还可以在同一界面实现多种输入方式平滑切换,符合用户使用习惯,大大提升输入速度。

5.1.5 本节练习

　　① 你认为评价语音识别功能好坏的一个重要标准是什么?
　　② 机器的存储器就相当于人的_____,数据相当于_____。
　　答案:
　　① 准确率。
　　② 大脑;大脑中的词汇。

5.2　语音识别中的音节和词语

5.2.1　情景展现

　　汉语言是一门博大精深的语言。我们一开始学习语文是从拼音学起,从学习"a o e"开始,如图 5-4 所示。机器识别人类的语言,是从识别单个音节开始。

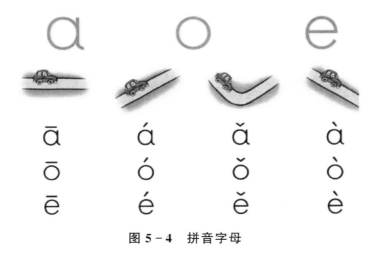

图 5-4　拼音字母

5.2.2　思考探索

　　我们先来了解一下声音。声音的本质是一种波,也就是我们常说的声波,如图 5-5 所示。

图 5-5　声　波

如果把人类的语音作为声波来处理的话,语音识别就迈出了重要的一步。语音识别处理的所有信息是要有数据来支撑的,而声波可以转换为数据。

音节可以转换成声波,只要机器记录下这个声波的数据,就相当于听到了这个音节。图 5-6 所示为声波放大图。

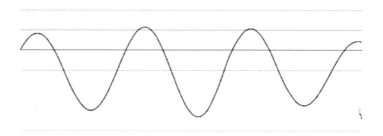

图 5-6　声波放大图

声波在每个时刻都有一个基于其高度的值,为了将这个声波转换成数字信号,我们通常只记录声波在等距点的高度,如图 5-7 所示。

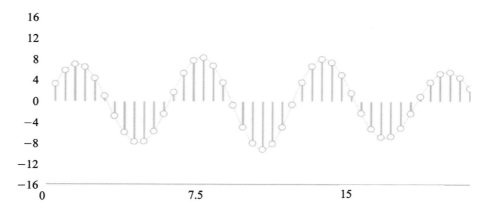

图 5-7　声波的等距点高度图

假如机器以 16 kHz(16 000 次/s 采样)的采样率对听到的声音进行采样,声波在每 1/16 000 s 处的振幅都会被记录下来,这样就有了一组数据。这组数据对于机器来说,就像人耳听到的声音。要想采集声音并将其以数据的形式记录下来,要有硬件和软件的支持。机器识别出单个音节,然后通过数据的叠加、处理,就能识别出更多的语音。

识别出音节之后,接下来就要处理词语和句子。以汉语为例,同样读音的汉字很多,比如发"zhong"音的汉字很多,发"guo"音的汉字也很多。但是同样读音的词语就不多了,常用的词语又少了一些,比如"zhongguo",几乎可以准确到"中国"两个汉字上。这样一来,我们似乎可以理解机器是如何听懂我们说的是哪个词的。而句子就是常用词语的叠加,这样一来,我们似乎也理解了机器是如何听懂我们说的句子的。

5.2.3　实战演练

将耳麦与计算机连接,打开计算机,单击"开始"按钮,找到 Windows 附件,单击"录音机",如图 5-8 所示,对着耳麦讲话,会出现一条跳动的波,这条波可以称为声波。

5.2.4　拓展延伸

语音识别已经存在数十年了,但是为什么现在才刚刚开始成为主流呢?原因是深度学习让语音识别足够准确,能够让语音识别在需要精心控制的环境之中使用。吴恩达早就预测,当语音识别的准确率从 95% 达到 99% 时,语音识别将成为人与计算机交互的主要方式。4% 的准确性差距就相当于从"难以容忍的不可靠"到"令人难以置信的有用性"之间的差异。由于有深度学习,语音识别正在走向顶峰。(如果有兴趣,可以查看一些关于深度学习的书籍或者网络资料。)

　WPS Office
　ZD Soft
　阿珊打字通
　百度网盘
　暴风软件
　钉钉
　附件
　　Windows 资源管理器
　　便笺
　　画图
　　计算器
　　记事本
　　截图工具
　　连接到投影仪
　　连接到网络投影仪
　　录音机
　　命令提示符
　　入门
　　同步中心
　　写字板
　　远程桌面连接

图 5-8　找到 Windows 自带录音机

5.2.5　本节练习

① 语音识别的一个重要环节是＿＿＿＿＿＿＿＿＿。

② 在机器中,声音是以＿＿＿＿＿＿＿＿＿＿＿的形式被记录的。

答案:

① 将声音信号转换成数字信号。

② 数据。

5.3 神奇的点餐机

5.3.1 情景展现

小明和爸爸来到一家智能餐厅,小明看到餐厅里的服务员很少,顾客都是自助点餐。于是,小明来到自助点餐机旁,说出他想吃的美食,屏幕上出现了相应的文字并朗读给小明听,小明感到很神奇。

5.3.2 思考探索

自助点餐机是通过语音识别来实现顾客的自助点餐的。

语音识别就是我们与机器进行语音交流,让机器明白我们所说的话。机器通过"耳朵"——麦克风将声音信号转换为电信号。

图 5-9 所示为语音识别的过程。

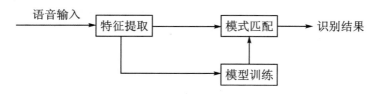

图 5-9 语音识别的过程

自助点餐机通过语音识别完成点餐的过程可以简单地理解为:当机器通过麦克风接收到语音信号(如牛排)后,先到语音库中去匹配它所听到的内容,匹配到相似度高的则输出对应的文字;然后再到菜单食谱列表里面匹配内容,如果菜单里含有相同的内容,则输出相应的菜单并朗读,否则输出"我不清楚,请再说一次"。

5.3.3 实战演练

1. 用商汤教育平台中的语音识别模块(for 循环)体验语音问答

① 登录商汤教育平台,选择"人工智能启蒙(上)→人工智能启蒙(第一册)→

语音识别"模块,进入实验项目。

② 创建一个问答变量 WD,然后获取问答机并将其保存到变量 WD 中,如图 5-10 所示。

③ 再创建变量 qst(问题)、ans(回答)、f(判断)、item(序列),如图 5-11 所示。

图 5-10　创建变量并获取问答机

图 5-11　创建变量

④ 使用循环获取题库中的 10 个问题,每次获取问题的过程是执行循环体:显示题目(见图 5-12)、打印作答提示语(见图 5-13)、录音识别(见图 5-14)、打印识别结果(见图 5-15)、判断作答是否正确(见图 5-16)。

图 5-12　显示题目

图 5-13　打印作答提示语

图 5-14　录音识别

图 5-15　打印识别结果

图 5-16　判断作答是否正确

⑤ 完整的程序代码如图 5-17 所示。

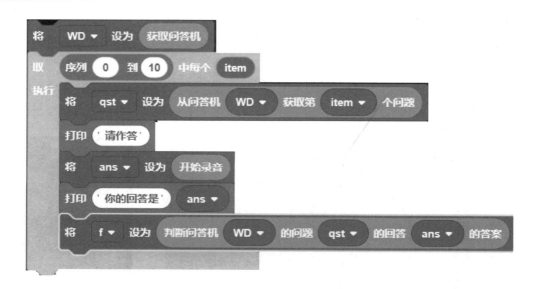

图 5 - 17　完整程序代码

2. 用 Python 编写程序实现自助点餐

（1）Python 环境的配置

安装 pywin32 扩展库、speech 模块。安装指令如下：

```
pip install pywin32
pip install speech
```

（2）编写程序并调试

核心代码如下：

```
1   #导入模块
2   import win32com.client
3   import speech
4   speaker = win32com.client.Dispatch("SAPI.SpVoice")
5   str = speech.input()          #接收语音
6   if str.find("牛排",0)! =-1:
7       speaker.Speak("儿童牛排")
8       speaker.Speak("菲力牛排")
9       speaker.Speak("黑胡椒牛排")
10  if str.find("果汁",0)! =-1:
11      speaker.Speak("苹果果汁")
12      speaker.Speak("橙子果汁")
13      speaker.Speak("西瓜果汁")
```

5.3.4　拓展延伸

在自助点餐时每一类菜单里面包含很多种美食,你能在 Python 编程中将程序优化使其呈现更多的美食吗?

5.4　计算机音乐

5.4.1　情景展现

计算机音乐,也称电脑音乐、数字化音乐,是计算机技术和音乐艺术相融合的产物。在生活中,我们听到的许多歌曲、配乐等都是由计算机制作合成的。它从面世的第一天开始,就给音乐欣赏者带来了感官的冲击。随着计算机技术的不断进步和相关软件的开发、提升,计算机音乐作为一种新生代艺术逐步成形,它渗透到音乐的创作、制作、乐器演奏、商业音乐、教育、娱乐等各个层面。目前,它已经由专业化向社会化、家庭化延伸,成为数字化艺术的一个重要分支,在艺术大殿堂中占有一席之地。

5.4.2　思考探索

1. 计算机音乐的概念与发展

计算机音乐(Computer Music)是指音乐完全被计算机创造出来的一种普遍类型。只要音乐与计算机技术或设备联系在一起,就带有计算机音乐制作的成分。许多被我们所熟知的流行音乐,其实都是利用计算机创作出来的。

除非你在传统的音乐厅聆听音乐,否则,凡是从扬声器里传出的音乐,不论是古典音乐、现代音乐、重金属音乐、爵士乐、摇滚乐,还是黑人的说唱音乐等,都缺少不了计算机技术。即使你是在家使用最简单的音响设备播放传统的民族音乐、古典音乐 CD、录音带,你也已经使用了计算机技术控制音乐,如音量大小或均衡高低的调节等。当你走进专业录音棚,看到高科技控制室,看到各种指示灯、仪表和按钮(见图 5－18),你便会了解音乐与计算机技术的关系是不言而喻的。

就目前来说,所有在录音棚里做出的音乐都需要用计算机进行录音和后期处

图 5 - 18　专业录音棚

理,包括噪声消除、混响添加、人声润色、和声合成等,而且这些都是浅层次的处理。如果计算机的音源库足够强大,一个人甚至可以完成一个交响乐团的所有事情。

2. 计算机作曲的应用

(1) 计算机音响合成

采集和剪辑音响的本身就是作曲。如果有兴趣,使用者还可以通过专业计算机程序转换软件,将其转换为机器码打印输出,成为所谓的乐谱;或者进行示意性、象征性、科学性表述,以书面形式传递音乐信息。

(2) 计算机人工智能作曲

计算机人工智能作曲是利用音乐家和计算机专家的专门知识开发出的音乐自动生成系统,可直接使用计算机初级、高级编程语言编写,代码中包含音乐的基本元素(比如音高和节奏等),并通过专门的数字音频与 MIDI 通信接口,对与之相连的数字音源系统和电子乐器进行逻辑的、随机的、人工智能化的控制。

(3) 计算机辅助作曲系统

计算机辅助作曲系统以 MIDI 音序器(软件或硬件形式)为中心,并配置 MIDI 通信接口、音乐数据输入设备和发音的音源设备。使用 MIDI 音序器内多种方便的输入方式和编辑排版功能,可以快速地录入、编辑音乐信息,并将乐谱、音响同时输出。

5.4.3 实战演练

库乐队(见图 5 - 19)、随身乐队(安卓版)是专为智能手机设计的乐器模拟器游戏。利用它可以随处、随手自由创作音乐、录制声音并分享,也可以接入手中乐器演奏的音频进行编辑。它里面包含着键盘、吉他、架子鼓等众多乐器和各种声音资源库,里面的声音全部来自真实乐器。点指即可操作,上手简单,帮助你轻轻松松创作自己喜欢的风格的歌曲。

图 5 - 19 库乐队

选择一种你喜欢的乐器,自由创作一段音乐,更改音频参数,查看效果有什么不同? 改变乐器看看音色有什么不同?

5.4.4 拓展延伸

请你对比一下用库乐队中的钢琴演奏出的音乐和用真正的钢琴演奏出的音乐有什么不同,说一说计算机音乐与传统音乐的区别。

不只是乐器,人声也可以依靠计算机音乐制作出来。事实上,我们现在听到的很多音乐都是借助计算机制作而非实录。

计算机音乐最大的缺陷是在某些乐器演奏上无法表现出真实演奏者的情绪以及特殊的演奏技巧。但是,只要制作人有足够的耐心对采样音源进行调整,不仔细听是难以辨别出声音到底是来自采样还是真实演奏的。

5.5 随机音乐生成——随机生成音符

5.5.1 情景展现

几千年来,音乐伴随着人类社会的发展,饱含了人类的智慧与情感。而计算机本身就是一个"大作曲家",它可以随机生成好听的音符和音乐,能够让我们在并不真正了解音乐理论的情况下创作自己的原创音乐,让"程序员"像 DJ(唱片骑师)一样玩音乐,如图 5-20 所示。

图 5-20 "程序员"演奏

5.5.2 思考探索

要想编写一段好听的音乐,我们需要具备一些基本的音乐知识。

音(声音)是一种物理现象。物体振动产生音波,通过空气传到耳膜,经过大脑的反射被感知为声音。人耳可以听到的声音在每秒振动 16～2 000 次。

乐音是指好听、有规律的声音。它由规则的振动产生,听起来高低明显。

噪音是指难听、无规律、对人产生干扰的声音。它由不规则的振动产生,听起来高低不明显。

音乐将声音通过艺术的形式表达出人们的思想感情。

在音乐课上见到的乐谱,由音名、唱名、时值等组成。

音名指代表固定音高的名称,如 C、D、E、F、G、A、B。

唱名是指音阶上各音的名称。通常使用 1do、2re、3mi、4fa、5sol、6la、7si。

时值,即音的长短,音乐是时间的产物,每个音的时长构成时值,音符时值长度为全分音符四拍、二分音符两拍等。还有拍子分 2/4、4/4(以四分音符为一拍,每小节两拍或四拍)等。

5.5.3　实战演练

在 Python 中,可以自动按照基本的乐理随机生成音符并组成一段音乐,下面让我们一起去感受一下吧!

安装 pysynth 库(见图 5-21),输入核心代码到 IDLE(Python)中,运行并欣赏结果。

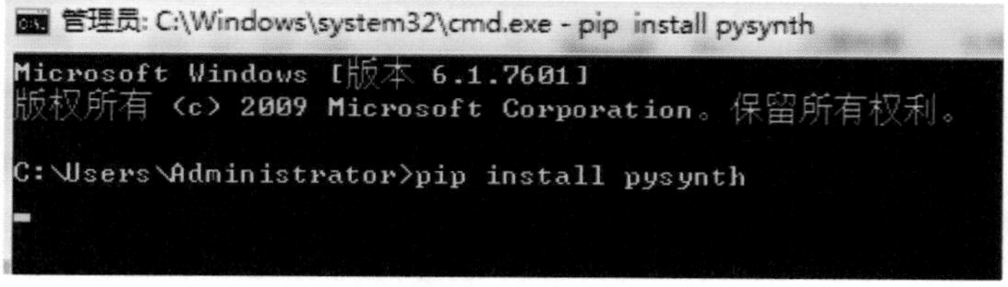

图 5-21　安装 pysynth 库

安装指令如下:

```
pip install pysynth
```

核心代码如下:

```
1   import pysynth
2   import numpy as np
3   import re
4
5   # 先限定音符 12356——中国风五声调式,这样听起来比较自然
6   notes = np.array(["c4","d4","e4","g4","a4"])
7   # 音符时值
8   durations = np.array([1,2,4,-2,-4,-8])
```

```
9
10    #随机生成音符,重音穿插其中
11    sn = []
12    for t in range(16):
13        n = np.random.randint(0,len(notes))
14        note = notes[n] + " * "
15        sn.append(note)
16
17        for i in range(np.random.randint(3,5)):
18            note0 = notes[np.random.randint(0,len(notes))]
19            sn.append(note0)
20
21    # 随机生成音符时值序列,形成长短参差变幻的节奏
22    dn = []
23    for i in range(len(sn)):
24        duration = durations[np.random.randint(0,len(durations))]
25        nn = sn[i]
26        dn.append(duration)
27    # 将音符和时值合并成旋律
28    melody = tuple(zip(sn,dn))
29    print(melody)
30
31    # 将乐谱合成到声音文件
32    pysynth.make_wav(melody,fn = r"D:\test1.wav")
33
34    print("ok")
```

运行后在 D 盘相应位置生成一个新的"test1.wav"音频文件,打开音频,你会听到一段美妙的音乐,快来欣赏一下吧!

5.5.4 拓展延伸

尝试修改代码中生成音频文件的文件名,重复运行代码,看看每次生成的音乐一样吗?这样随机产生的音乐好听吗?有什么特点?

例如:

```
1    #将乐谱合成到声音文件
2    pysynth.make_wav(melody,fn = r"D:\test2.wav")
```

第6章 人脸签到助手

近年来,随着人工智能的迅猛发展,人们的工作方式和学习方式发生了巨大的变化,人工智能给人们的日常生活带来了极大的便利。随着国家生育政策的逐步放开,学生的数量也在逐年上升,学校有效管理学生面临更大的挑战,而人脸识别技术可以很好地协助老师管理学生,为智能化教育提供了新思路。

6.1 智能人脸识别

6.1.1 情景展现

"刷脸时代"已悄然到来,人脸识别在生活中处处可见。乘坐地铁可以刷脸支付、超市购物可以刷脸支付、进入小区可以刷脸开门、员工上班可以刷脸签到。除此之外,人脸识别技术也悄然来到了校园。课后托管使用的人脸识别考勤机就是人脸识别技术的一个很好的应用,它有助于老师提高签到效率、组织管理学生。

下面我们一起探索一下人脸识别考勤机是怎么识别出人脸的。

6.1.2 思考探索

机器识别人脸后是否允许用户进入,就如同家里有客人敲门,主人决定是否为门外的人开门一样。当有人敲门时,房子里的主人会通过猫眼观察门外的人,根据自己的记忆判断这个人是否为自己认识的人,从而决定是否开门。机器的识别流程与人的识别流程相似,都需要根据记忆去识别,人与机器进行人脸识别的具体过程如图6-1所示。因此,要想机器能识别,就必须先让机器"记住"人脸信息。

人脸识别考勤机的人脸识别过程如图6-2所示,从图像采集开始,经图像预处理、人脸特征提取,最后由数据库比对进行人脸识别,通过对相似度高低的判断,输出通过还是不通过。

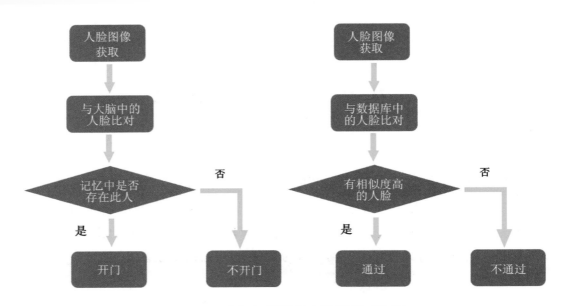

图 6-1　人与机器进行人脸识别对比图

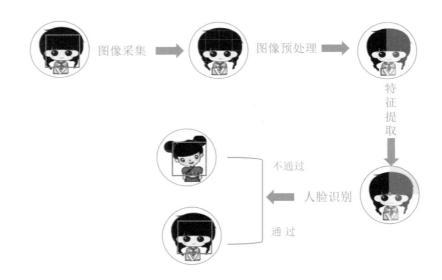

图 6-2　人脸识别考勤机的人脸识别过程

通常我们在记忆一个人的长相时,往往需要先记住其人脸特征,比如脸型、单双眼皮、眉毛粗细等,然后利用这些特征去识别见到的人脸是否跟记忆中的人脸相类似,从而判断是否认识这个人。

在用机器进行人脸识别时,我们将人的面部区域转化为一些特征点,以此来区分不同的人脸,如图 6-3 所示。特征点越多,人脸识别精准度也会越高。科学家们提取了人脸多个特征点用来描述人脸的特征,并通过复杂的算法将其转化成一系列的数值,最终可以用它来精确描述一张脸。例如:将小 C 同学的人脸特征

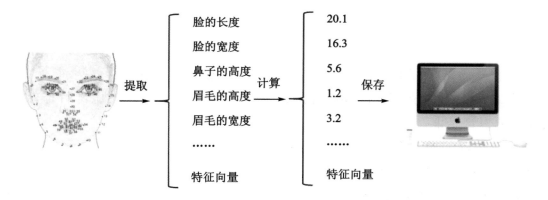

脸的长度　　　　20.1
脸的宽度　　　　16.3
鼻子的高度　　　5.6
眉毛的高度　　　1.2
眉毛的宽度　　　3.2
……　　　　　　……
特征向量　　　　特征向量

图 6-3　计算机存储人脸信息的过程

数据与数据库中的人脸特征数据进行比对计算,经计算找到与小 C 同学相似度最高的人脸,当最高相似度超过一定数值,即认为小 C 同学是数据库中存储的 C 同学,如图 6-4 所示。

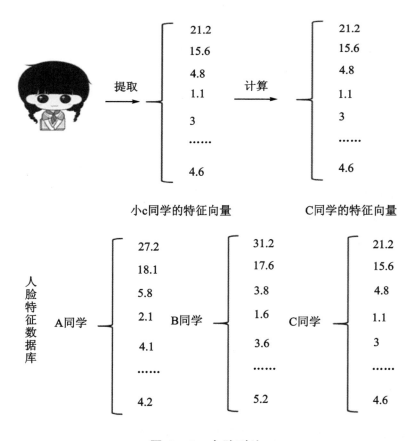

图 6-4　人脸对比

6.1.3　实战演练

① 登录商汤教育平台，采集个人脸部信息，体验人脸识别过程。

② 以小组为单位，组内成员轮流描述你们的一个共同好友的脸部特征，请其他成员猜想这是谁。

③ 将拍好的照片存入"training/照片"文件夹中，选取其中一张自己的照片，调用 Python 程序体验一下。

采集人脸信息的代码较长，这里只截取部分核心代码(完整代码见附录 C)。

采集人脸信息的关键代码如下：

```
1    if __name__ == '__main__':
2        # 读取人脸图像
3        read_face(1,'training/spider_man/')
4        # 训练人脸识别器
5        recognizer.train(faces,numpy.array(labels))
6        # 保存人脸特征数据
7        recognizer.save('trainer.yml')
```

6.1.4　拓展延伸

人脸识别技术的应用为我们的生活和学习带来极大的便利，但同时也带来了隐患。通常在刷脸的过程中，用户的人脸信息会被自动采集并存储，形成一个大数据库。一旦用户个人信息外泄，将会带来许多不必要的麻烦，因此，平时应注意保护好个人信息，看好自己的脸。

6.2　人脸自动签到系统

6.2.1　情景展现

人脸识别考勤机的出现给学校的管理带来了很大的便利。学校里的学生这么多，系统都可以准确地一一记录下学生的考勤情况，帮助老师节省了大量时间和精力。

6.2.2　思考探索

请你回想一下老师记录学生考勤的过程。

① 收集学生的姓名,形成签到表。

② 点名,在到校的学生姓名边上画对勾。

③ 没有被标记的学生是缺勤的学生。

在人工智能的领域,可以让人脸识别考勤机(见图6-5)帮助我们完成考勤任务。

模拟、对比老师记录学生考勤的过程,人脸自动签到系统的设计有以下几个步骤。

① 采集人脸信息,建立人脸数据库。收集每位同学的照片,建立一个照片库让系统去学习。

② 进行人脸识别模型训练,其目的是让系统能够识别出每一张人脸。

③ 建立一组数据,存储个人的出勤状态。

通常借助变量记录学生的出勤状态,而现实中系统记录的常常不是一个人,而是很多人。要实现系统

图6-5　人脸识别考勤机

的考勤打卡功能,应为每位同学设置一个编号,每一个编号对应一位同学,将每位同学的编号录入照片库中。

当有同学经过系统的人脸采集摄像头时,系统会自动判断这个同学是谁,获取该同学的考勤信息,并将该同学的考勤记录修改为1。1表示该同学已到校,0表示该同学尚未到校。

人脸识别考勤机的工作流程如图6-6所示。

图6-6　人脸识别考勤机的工作流程

6.2.3　实战演练

登录商汤教育平台,编写程序完成自己的人脸注册,并设置自己专属的出勤变量。出勤列表的建立及代码运用如图6-7所示,尝试通过人脸识别来改变自己

的出勤状态,最后输出状态结果。

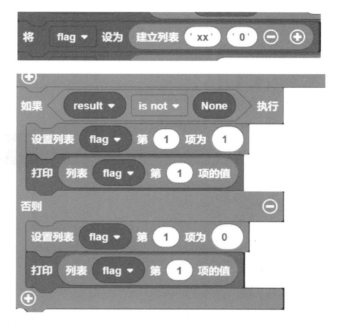

图 6 - 7 出勤列表的建立及代码运用

6.2.4 拓展延伸

在班级中,常常有投票选举的活动,如果想记录某个同学总共获得几票,通常采用画"正"字的方式来进行计数,每得一票就在"正"字上添加一笔,最后数数有多少个笔画,就是得了多少票。在编程中,对票数进行计数与签到计数的过程类似,每当得一票时,计数值就增加1,从而实现计数,这就是计数器的工作原理。

假如学校正在进行大队委竞选活动,我们该如何利用自动签到系统实现统票计数功能?

6.3 寻找并检测最大的单张人脸

6.3.1 情景展现

在课后托管班进行刷脸签到时,同学们都是排着队依次刷脸。在人脸识别考勤机上有时会一次呈现多张人脸,而机器依然可以快速、精准地判断出哪个同学是主要刷脸人。

6.3.2 思考探索

让我们回忆一下人与机器进行人脸识别的具体过程（见图6-1）。

人脸图像数据的获取来源于对图像中人脸的检测，系统能够对输入图像进行人脸检测，如图6-8所示。如果图像中包含人脸的话，系统将返回图像中人脸的位置。它是进行人脸识别的基础，只有"看"到了，才能"认识"。

人脸采集　　　　　　　　　　人脸检测

图6-8　系统检测出人脸

课后托管班的人脸识别考勤机拥有人脸检测功能，因此，它可以迅速地从学生的图像中检测到人脸，定位人脸的位置从而提取相应特征。而在刷脸打卡时，人脸识别考勤机上可能会出现一些不相关的人脸，摄像头通常能自动检测到环境中出现的最大人脸，其具体流程如图6-9所示。

6.3.3 实战演练

① 请大家绘制出最大人脸在多个人脸数据库中的识别流程图。
② 使用商汤教育平台，尝试在多张人脸的图像中找到最大人脸。

6.3.4 拓展延伸

当人脸识别考勤机获取最大人脸图像后，与数据库中学生的人脸进行比对，通过对相似度大小的判断，实现人脸签到的功能。

登录商汤教育平台，完成以下实验。

① 准备照片及与照片对应的人名，将信息提交到平台上，让平台"记住"需要识别的人。

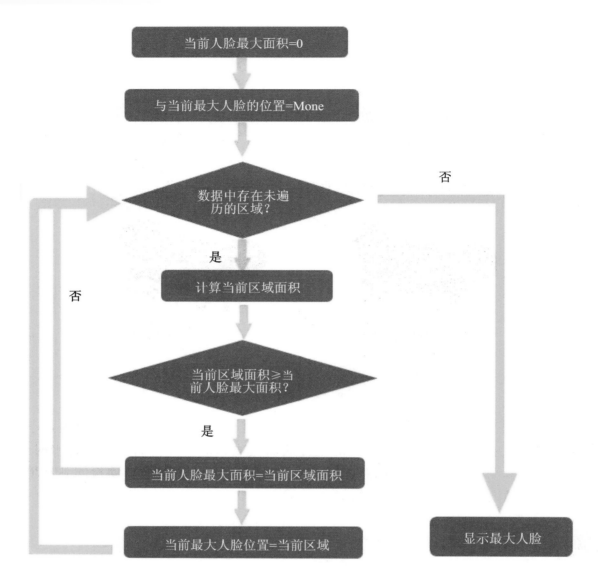

图 6 - 9　检测到最大人脸流程图

② 将待识别图片提交到平台上，调用相关功能，实践一下。

③ 结合人脸检测的相关知识，尝试绘制出自己的人脸识别流程图。

④ 在平台上完成最大人脸的检测与识别。

6.4　识别多张人脸

6.4.1　情景展现

在校园中有这样一些机器——人脸识别考勤机(见图6-5),这是学校为了方便校内课后托管的管理而增设的。它的主要功能是在课后托管时对学生进行刷脸登记,如图6-10所示。

图6-10　学生刷脸登记

下面让我们一起了解一下人脸识别考勤机是如何识别多张人脸的。

6.4.2　思考探索

在正式刷脸打卡前,老师会为每位参与打卡的同学拍照片,下面就来揭晓一下照片的作用。

系统要实现识别多张人脸的功能,首先需要"认出"多个人。为系统提供人脸图像与姓名等信息,通过学习算法,系统就能"认出"人脸。多次重复这个过程,系统就"记住"了多张人脸。

采集多张人脸图像后,系统就存储了多张人脸的特征,具备了"认出"多张人脸的能力。把检测出的人脸图像与系统"记住"的每一张人脸进行比对,得到相似度,如图6-11所示,从而从系统中找出对应的人。

经过比对,人脸数据库中相似度最高的人脸图像对应的人员信息数据,作为匹配的最终结果呈现出来,如图6-12所示。但是外界环境的光线、识别者面容部分遮挡或者做出夸张表情等,都有可能使相似度降低而导致比对失败。人工智能识别多张人脸的过程:采集信息→特征提取→与系统中的人脸图像对比→呈现相似度高的结果。

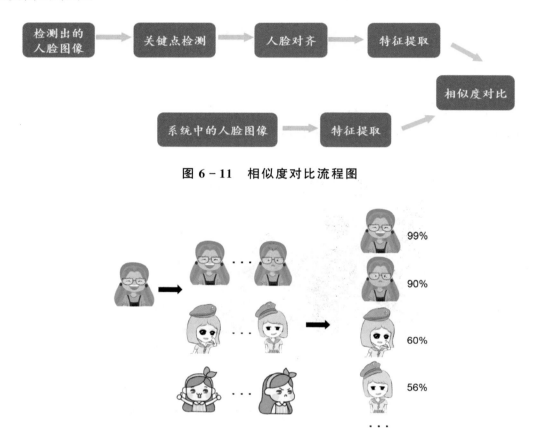

图 6-11　相似度对比流程图

图 6-12　呈现相似度高的结果

请你想一想,根据图 6-12,你认为系统会判断她是谁?

6.4.3　实战演练

利用商汤教育平台的多人脸数据库识别系统体验最大人脸识别过程

① 将要检测的人脸上传到商汤教育平台"我的文件夹"中,进行人脸注册与识别,程序如图 6-13 所示。

② 多张人脸注册完成之后,利用循环的方法依次找到最大的人脸,然后对最大的人脸进行识别。多张人脸识别程序如图 6-14 所示。

图 6 - 13　人脸注册与识别程序

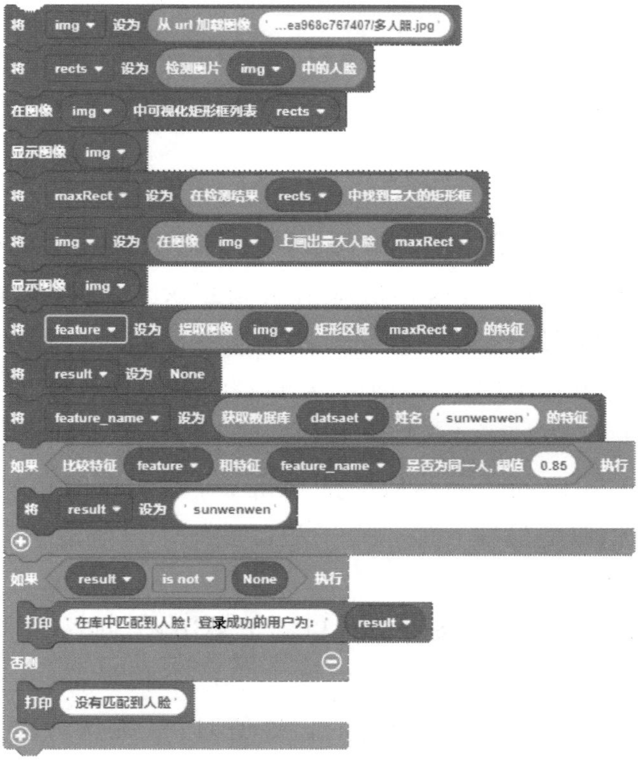

图 6 - 14　多张人脸识别程序

6.4.4 拓展延伸

如何用人脸识别技术判断陌生人。

6.5 判断陌生人

6.5.1 情景展现

现在校园安全问题尤为重要,学校大门便成了保护学生安全的第一道防线。我们可以利用图像识别技术给学校的大门安装一台刷脸机,只允许学校相关人员刷脸进入。要想实现这一功能,首先应收集学校相关人员的照片,使用训练机器形成一个人脸识别模型;接着再设置一个代表相似度的数值,只有相似度超过这个数值才认为他们是同一个人。通过以上操作制作一个门禁系统,它能够识别来访者的身份。例如,如果系统认为门外是 C 同学,就说"早上好,C 同学"。

6.5.2 思考探索

1. 处理陌生人问题

系统采集到一张人脸图像后,将采集到的人脸数据与系统数据库中存储的人脸数据逐一进行比对,最后根据相似度值来判断这个人是谁,通常系统反馈的结果是相似度值最高的那个人。例如,若来访者与 C 同学的相似度是 0.8,与 A 同学的相似度是 0.1,与 B 同学的相似度是 0.3,则系统认为这个人是 C 同学。

如果来访者是一个陌生人,当他来到门前,系统采集到的人脸图像与 C 同学的相似度是 0.15,与 A 同学的相似度是 0.05,与 B 同学的相似度是 0.05,这时显然他与 C 同学的相似度最高。但是由于相似度低于设定的值,所以系统会认为这个人不是 C 同学,是个陌生人。

思考:相似度要满足什么条件才可以确定来访者是陌生人呢?

此时需要设定一个临界值,当相似度大于这个临界值时,系统认为此人是系统中存在的某个人;当相似度低于这个临界值时,系统认为此人是陌生人。这个临界值可以称为阈值。图 6-15 所示为利用阈值判断陌生人。

图 6 - 15　利用阈值判断陌生人

2. 保障门禁系统的高识别率

门禁系统除了陌生人识别问题,还存在一些其他问题。比如,每个人在不同的时间点可能因为光线、妆容、面部遮挡物以及面对门禁镜头角度等的不同,导致系统采集到的图像与数据库中存储的图像存在差异;门禁系统中设置的阈值过高,可能会出现一些误判的情况。因此,在人脸识别系统中设置合适的阈值十分重要。

6.5.3　实战演练

① 寻找最低阈值。登录商汤教育平台修改阈值取值,进行多轮实验找到最低阈值,将实验过程记录在表 6 - 1 中。

表 6 - 1　实验任务单 1

轮　数	相似度值 (保留到小数点后两位)	是否准确识别不同人的人脸	
1		□是	□否
2		□是	□否
3		□是	□否
4		□是	□否
最低阈值:			

注:1.试着测试多个值,找到最合适的值。

　　2.相似度 0.99 代表采集的图像与数据库中的图像相似度为 99%。

② 寻找最高阈值。登录商汤教育平台修改阈值取值,检测系统是否可以准确率较高地识别出同一个人的脸,将实验过程记录在表 6 - 2 中。

表 6 - 2　实验任务单 2

轮　数	相似度值 (保留到小数点后两位)	是否准确识别一个人的不同人脸	
1		□是	□否
2		□是	□否
3		□是	□否
4		□是	□否
最高阈值:			

注:1. 试着测试多个值,找到最高阈值。尝试测试不同角度的多种图像,并尝试测试戴上眼镜等装饰的图像。

　　2. 相似度 0.99 代表采集的图像与数据库中的图像相似度为 99%。

从实验中得出系统阈值很重要,应设置一个合适的阈值。

③ 使用商汤教育平台,调用"面部检测"模块来体验识别陌生人的人脸检测功能。

6.5.4　拓展延伸

在陌生人识别系统中,阈值设置得越高,通过率就越低;阈值设置得越低,误识率就越高。因此,我们在阈值设定上需要权衡利弊,以做出合适的决定。在生活中还有很多情景也需要我们去权衡利弊,你能联想到哪些情景?

第 7 章　慧眼识人

7.1　打开慧眼

7.1.1　情景展现

小明和同学们一起上人工智能课时,在老师的带领下他们参观了学校的监控室,看到了大屏幕上显示的学校各个楼道、角落的实时监控画面。小明和同学们感到十分疑惑,视频监控是怎样实现"慧眼识人"的。接下来让我们一起揭开其中的秘密。

7.1.2　思考探索

慧眼识人其实就是对视频图像进行人脸识别和人脸检测。要实现慧眼识人,首先要打开慧眼,即打开摄像头,对动态图像进行抓拍留存。本节我们将主要介绍视频监控是如何实现打开摄像头和抓拍图像的。

7.1.3　实战演练

1. 打开本地摄像头并显示监控画面

测试代码如下:

```
1    import cv2
2    ♯ 打开本地内置摄像头
3    cap = cv2.VideoCapture(0)
4    ♯ 当视频是打开状态,循环执行
5    while cap.isOpened():
6        ♯ read()按帧读取视频
7        ret,frame = cap.read()
8        ♯ 不断显示每帧,即成视频
9        cv2.imshow('frame',frame)
10       ♯ 若没有按下 Q 键,则每 1 ms 显示一帧;若按下 Q 键,则退出视频
11       if cv2.waitKey(1) & 0xFF == ord('Q'):
12           break
13   ♯ 释放摄像头
14   cap.release()
15   ♯ 关闭所有图像窗口
16   cv2.destroyAllWindows()
```

VideoCapture()表示打开本地计算机的实时监控画面,括号内是参数。若参数是 0,则表示打开计算机的内置摄像头;若参数是视频文件,如 cv2.VideoCapture("v.mp4"),则表示打开本地视频文件。

其运行结果如图 7-1 所示。

图 7-1 运行结果

2. 尝试打开学校网络视频摄像头并显示监控画面

想要打开学校网络视频摄像头并显示监控画面需要提前知道学校网络视频摄像头的 IP 地址及访问的用户名和密码。这里假设学校其中一个网络视频摄像头的 IP 地址是 192.168.17.41,用户名为 admin,密码为 a12345。

测试代码如下:

```
1   # 调用 cv2 库
2   import cv2
3   # 根据摄像头设置 IP 及 rtsp 端口,@ 前面是用户名和密码
4   url = 'rtsp://admin:a12345@192.168.17.41/'
5   # 读取视频流
6   cap = cv2.VideoCapture(url)
7   # 当视频是打开状态,循环按帧读取视频,按 Q 键退出视频
8   while cap.isOpened():
9       ret,frame = cap.read()
10      cv2.imshow('frame',frame)
11      if cv2.waitKey(1) & 0xFF == ord('Q'):
12          break
13  # 释放摄像头
14  cap.release()
15  # 关闭所有图像窗口
16  cv2.destroyAllWindows()
```

其运行结果如图 7-2 所示。

图 7-2　运行结果

3. 本地监控视频抓拍

测试代码如下：

```
1   import cv2
2   cap = cv2.VideoCapture(0)
3   x = 1
4   while(cap.isOpened()):
5       ret,frame = cap.read()
6       cv2.imshow("Paizhao",frame)
7   # 按下 S 键保存图片
8       if cv2.waitKey(1) & 0xFF == ord('S'):
9           cv2.imwrite("d:/pic/" + str(x) + ".jpg",frame)
10          print("保存" + str(x) + ".jpg 成功!")
11      x + = 1
12  # 按下 Q 键,退出程序
13  if cv2.waitKey(1) & 0xFF == ord('Q'):
14      break
```

使用 cv2.imwrite(file,img,num) 函数保存图像进行抓拍。第 1 个参数是要保存的路径、文件名。第 2 个参数是要保存的图像。第 3 个参数可选,它针对特定的格式:对于 jpg 格式,其表示的是图像的质量,用 0～100 的整数表示,默认为 95;对于 png 格式,其表示的是压缩级别,默认为 3。

程序运行后,每按一次 S 键就抓拍一张实时图片,并且图片被保存在程序指定的位置,如图 7 - 3 所示。

图 7 - 3　图片保存位置

提升：网络视频摄像头要实现抓拍功能该怎样修改代码？

这里假设学校其中一个网络摄像头的 IP 地址是 192.168.17.42，用户名为 admin，密码为 ab123。

提示将代码修改如下：

```
1   url = 'rtsp://admin:ab123@192.168.17.42/'
2   cap = cv2.VideoCapture(url)
```

程序运行后，每按一次 S 键就抓拍一张实时图片，并且图片被保存在程序指定的位置，如图 7-4 所示。

图 7-4　网络视频摄像头抓拍图片保存位置

7.1.4　拓展延伸

摄像头小常识

摄像头（见图 7-5）是帮助我们获取视觉数据的传感器，它能将我们眼中看到的视觉效果转换成数据保存在计算机中。摄像头一般具有视频摄像、传播和静态图像捕捉等基本功能。它是借由镜头采集图像后，由摄像头内的感光组件电路及控制组件对图像进行处理并转换成计算机所能识别的数字信号，然后经过并行端口或 USB 连接输入到计算机后由软件再进行图像还原。

摄像头有一个重要参数——分辨率。分辨率代表图像中存储信息量的大小，简单来说就是通过多少个像素点表示一张图片。摄像头的连接方式有网线连接和无线连接等方式。这些方式都有各自的优缺点,可以根据实际情况选择。如果采用网线连接,网络稳定,但是布线可能不便;若采用无线连接,安装便利,但无线网络容易出现不稳定的情况等。

图 7-5　摄像头

7.2　人脸检测识别

7.2.1　情景展现

在校门口,本校的老师和学生都能顺利地通过闸机进入校内,而陌生人企图通过闸机却被拦在了校门外,这保障了师生的安全。

7.2.2　思考探索

我们能否借助已知的有关人工智能的知识,自己设计体验一下视频人脸识别,并让系统显示、喊出视频中人的名字呢?

图片中的人脸检测、人脸识别的原理已学过,现在要处理的是视频中的人脸检测、人脸识别。

视频是由一帧一帧的图片组成的,一帧一帧播放时,间隔时间短,由于视觉暂留的原因,我们就看到了视频。视频中人脸检测和图片中人脸检测的原理是一样的,都是在图片中把人脸找出来。

虽然被叫作人脸识别,但它更准确的名字应该是人脸比对。人脸识别的背后,是将一张待识别图片和人脸底库中的所有照片进行比对,从而判别图片中人员的身份。

7.2.3　实战演练

方案：识别出人脸后，用语音输出人名

要想输出声音，须安装 pyttsx3 库。pyttsx3 是 Python 中的文本到语音转换库。与其他库不同，它可以脱机工作，并且与 Python 2 和 Python 3 兼容。

声音测试举例代码如下：

```
1  import pyttsx3
2  engine = pyttsx3.init()
3  engine.say('hello,how are you ')
4  engine.say('同学,你好! ')
5  engine.runAndWait()
```

识别后，若能在图像上显示名字，那就更好了，这就要用到 putText()。利用 putText() 来实现在图片的指定位置添加文字，格式如下：

```
1  putText(img,text,org,fontFace,fontScale,color,
2  thickness = None,lineType = None,bottomLeftOrigin = None)
```

img 为操作的图片数组；text 为需要在图片上添加的文字；fontFace 为字体风格设置；fontScale 为字体大小设置；color 为字体颜色设置；thickness 为字体粗细设置。

图片添加文字测试举例代码如下：

```
1  import cv2
2  # 加载背景图片
3  bj = cv2.imread("background.jpg")
4  # 在图片上添加文字信息
5  cv2.putText(bj,"Hello World",(100,300),cv2.FONT_HERSHEY_SIMPLEX,
6  0.7,(255,255,255),1,cv2.LINE_AA)
7  # 显示图片
8  cv2.imshow("add_text",bj)
9  cv2.waitKey()
10 # 保存图片
11 cv2.imwrite("add_text.jpg",bj)
```

要想人脸比对，就要用到图片相似度比较。

两张图片比对相似度的计算，涉及一些算法、大量的数据计算。本例仅为体

验图片比对,并未列出具体算法。体验如下:

扫描本书前言中的二维码关注公众号后,发送关键词"资源下载"获取"图片比对文件夹",按要求准备好比对的图片,运行"图片比对.exe",可看到相似度(值越小越相似)。

7.2.4 拓展延伸

人脸识别行业前景

随着人脸识别技术不断成熟,市场需求将加速释放,应用场景将不断被挖掘。从社保领取到校园门禁、从远程预授信到安检闸机检查,人脸识别正不断打开市场。随着人脸识别应用的加速普及,人脸识别行业也将呈现出新的发展趋势。

7.2.5 本节练习

① 请你想一想,实战演练练习时,识别的准确率高不高?为何出现这一结果?如何提高识别准确率?

② 若有兴趣,详细体会人脸检测、训练、识别的过程,可参考附录 C4 代码及说明。

第8章 文本朗读助手

清晨,我们可以一边洗漱一边听书。听书的应用已经非常普遍,很多软件都内嵌了听书的功能。更神奇的是,在有些网站平台上,你只需要跟着网站给出的文字,照着念出来,完成声音的采集,5～10 min 之后,网站就开始为你的声音建模,复刻你的声音。之后,输入你从未说过的文字,网站可以模拟你的声音,说出你从未说过的话语。神奇吗?这就是语音合成技术的应用。

文本朗读助手就是用机器进行声音数据的学习,机器通过学习人类的声音数据进行声音建模,通过数据生成语音模型。

8.1 人工智能自动说话

8.1.1 情景展现

清晨起床,眼睛还没有睁开,喊一声"嘿!小艺小艺(华为手机智能语音助手),现在时间",小艺回答"现在是……";双手都在忙碌,想知道天气情况,喊一声"嘿!小艺小艺,今天天气情况",小艺会告诉你所在地的气温、天气状况和空气质量等相关信息。这就是智能语音助手——一个会说话的人工智能。

与小艺对话,小艺便知道了你的想法,那么,小艺又是怎么听懂你说的话的呢?小艺支持自然语言的输入和输出,其语言处理包括语音识别和语音合成两部分。而智能语音助手能实现自动说话。通过语音助手,用户可以查询信息,如查询天气信息、聊天、获取特定服务等,如图 8-1 所示。

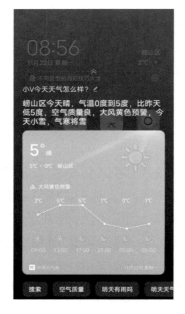

图 8-1　与小 V、小艺交流

8.1.2　思考探索

1. 语音识别

要让机器能听懂人的语言，必须让机器能够检测到人说话的声音，也就是语音，并能将语音转化成文字，这样的技术就是语音识别技术。换句话说，语音识别技术就是让机器通过识别和理解过程把语音信号转变为相应的文本或命令的技术，如图 8-2 所示。

语音　　语音识别　　文字
图 8-2　语音识别技术

语音识别技术主要包括特征提取技术、模式匹配准则及模型训练技术 3 个方面。语音识别的基本流程如图 8-3 所示。

语音采集　　声学特征提取　　声学模型训练　　声学模型应用

图 8-3　语音识别的基本流程

2. 语音合成

语音合成技术，简单地说，就是将文字转换成语音的技术，如图 8 - 4 所示。比如高德导航中的语音播报、手机天气应用程序中的天气信息语音播报等都是采用了语音合成技术。

图 8 - 4　语音合成技术

计算机可以通过麦克风捕捉声音，这样声音就被保存在计算机中，我们就可以在计算机中处理和播放声音了。每个人的声音都有不同的特点，每个人在说话的时候也有不一样的表达习惯，声音的音色、音量的大小、说话时停顿与换气的节奏等都不相同。计算机能通过波形文件记录下你的声音特点，并将任意文字都转换成你的声音朗读出来。

语音合成是深度神经网络技术，提供高度拟人、流畅自然的语音合成服务，让应用、设备开口说话。比如我们用学习强国软件浏览文章时，可以实现机器语音播放。

3. 智能语音

随着人工智能、机器学习技术的发展和大众接受度的提高，语音识别的应用也越来越广泛。从谷歌到亚马逊，再到苹果的家庭数字助理都应用了语音识别技术和语音合成技术，以便与使用者进行互动。智能音箱也逐渐成为很多家庭的新成员。一个刚学会说话的孩子在家中都可以通过语音与智能音箱对话，"天猫精灵，请播放《小燕子》"，一首儿歌开始播放；清晨起床，说一句"小爱同学，早上好"，即可唤醒它来开启天气预报、新闻播报等功能以及播放优美的歌曲。

人工智能音箱可以为你播放在线音乐、小说相声、儿童故事、热点新闻和广播节目等。将它与家中的智能家居设备连接，它还可以帮助你远程控制家居设备。比如可以让"小爱同学"帮你打开台灯、帮你打开空调、帮你设置闹钟、帮你开启扫地机器人等。

8.1.3　实战演练

① 拿出手机，调用智能语音助手（比如呼唤"小艺小艺"），使用语音助手查询天气情况、发信息给你的好朋友，或者播放一首你最爱听的音乐等，完成表 8 - 1 的填写。

表 8 - 1　智能语音的应用体验记录

语音助手	查询天气 （成功或不成功）	发信息 （成功或不成功）	开启音乐播放 （成功或不成功）	遇到的问题
小艺				

② 选取一款智能音箱，准备若干问题与智能音箱对话，在表 8 - 2 中记录对话内容。改变问题的表达方式，看看答案会有什么不同。

表 8 - 2　对话内容记录

问　题	回　答

8.1.4　拓展延伸

人工智能自动说话实际上是一种人机对话（Human-Machine Conversation），是指让机器理解和运用自然语言实现人机通信的技术。

智能音箱是一种基于语音的人工智能产品。通过将智能音箱与第三方的物联网设备（比如手机、智能家居和智能汽车等）互联，用户可以用声音来实现交互。

人机对话虽然已经成为我们熟知的词汇，但是现在的技术水平仍处于初级阶段。人机对话是最具有挑战性的人工智能问题之一，也是衡量人工智能综合能力的重要指标。我国很多著名企业纷纷推出了智能语音助手、智能音箱和聊天机器人等智能产品，在国内外市场上都有不俗表现，成为人工智能领域的"中国骄傲"。人机交互过程示意图如图 8 - 5 所示。

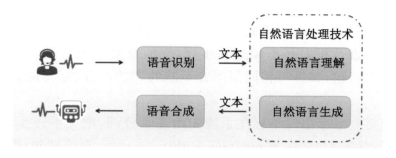

图 8-5　人机交互过程示意图

8.2　胡言乱语读句子

8.2.1　情景展现

资讯播报类 APP,提供专为新闻资讯播报场景打造的特色音库,让手机、音箱等设备化身专业主播,随时随地为用户播报最新鲜资讯;阅读听书类 APP,为用户提供多个音库的朗读功能,释放用户的双手和双眼,为用户提供更极致的阅读体验;订单播报类 APP,应用于打车、餐饮叫号、排队等场景,为用户提供订单播报服务,让用户更便捷地获得通知消息……

如果说图像识别技术为机器添加了"眼睛",语音识别技术为机器增加了"耳朵",那么语音合成技术就等同于为机器装上了"嘴巴",它让机器更高度拟人,让用户的应用、设备开口说话,更具个性。

8.2.2　思考探索

语音合成是指将文本通过一系列的信号处理转换为"人造"语音(声学波形)。与简单的录音播放不同,机器进行语音合成时,往往并没有这些文本的人声录音,而是通过音节拼接与参数调整来生成尽可能接近人声的合成语音。通俗地说,语音合成就是利用机器把文本转换成语言,简称 TTS(Text-To-Speech)。

TTS 一般分为以下两个步骤。

(1) 文本处理

文本处理是把文本转化成音素序列,并标出每个音素的起止时间、频率变化等信息。音素是根据语音的自然属性划分出来的最小的语音单位。例如,"北京"这个词由两个音节组成(在汉语拼音中,一个字的读音就是一个音节),可以拆成b、ei、j、ing4 个音素。作为一个预处理步骤,它的重要性经常被忽视,但是它涉及很多值得研究的问题,如拼写相同但读音不同的词的区分、缩写的处理、停顿位置的确定等。

文本处理需要一套语言学标注系统先给文本分词,把文本转换成只有单词串起来的句子(例如把 1989 转成 nineteen eighty nine)后,再给这句话标注音素级别(上一个音素/下一个音素)、音节级别(单词的第几个音节)、单词级别(词性/在句子中的位置)等对语音合成有帮助的信息。

(2)语音合成

语音合成主要有 3 类方法。

① 拼接法,即从事先录制的大量语音中,选择所需的基本单位拼接而成。这样的单位可以是音节、音素等;为了追求合成语音的连贯性,也常常使用双音子(从一个音素的中央到下一个音素的中央)作为单位。拼接法合成的语音质量较高,但它需要录制大量语音以保证覆盖率。

② 参数法,即根据统计模型来产生每时每刻的语音参数(包括基频、共振峰频率等),然后把这些参数转化为波形。参数法也需要事先录制语音进行训练,但它并不需要 100% 的覆盖率。参数法合成出的语音质量比拼接法差一些。

③ 声道模拟法。参数法利用的参数是语音信号的性质,它并不关注语音的产生过程。与此相反,声道模拟法则是建立声道的物理模型,通过这个物理模型产生波形。这种方法的理论看起来很完美,但由于语音的产生过程实在是太复杂,所以实用价值并不高。

8.2.3 实战演练

1. 利用开放平台体验语音合成

利用讯飞开放平台进行语音合成有以下几个步骤。

① 打开讯飞开放平台(https://www.xfyun.cn/),如图 8 - 6 所示。

② 选择"语音合成"中的"在线语音合成",如图 8 - 7 所示。在产品体验部分选择你喜欢的发音人,在右侧对话框中输入一段话,合成语音,如图 8 - 8 所示。

图 8 - 6　讯飞开放平台

图 8 - 7　讯飞开放平台—语音合成

2. 利用微信小程序体验智能语音的应用

打开微信小程序"腾讯 AI 体验中心",选择语音识别和语音合成,体验智能语音的应用。

图 8 - 8　讯飞开放平台—语音合成体验

① 打开微信小程序"腾讯 AI 体验中心"。

② 选择"语音识别",录制"欢迎来到智能语音体验区域"或者其他你想要录制的内容,查看输出的文字与输入内容是否一致。

③ 选择"语音合成",输入文字"欢迎体验语音合成技术"或者其他内容,听输出的语音与输入内容是否一致,并将体验过程记录在表 8 - 3 中。

表 8 - 3　语音合成分析

输入内容	输出结果与输入内容是否一致

8.2.4　拓展延伸

目前语音合成的实现已经有了很大进步,特别是在新闻风格下的语音合成效果,已经接近真人说话的水准,但在多表现力和多风格语音合成方面,还有很大的提升空间。未来语音合成技术的发展方向,会逐步融入音色、情感方面的合成,使语音合成更加个性化。

人的语音交流不仅包含着基本的文字信息,还承载着丰富的情感信息。一段文本怎样表现出情感变化,涉及语义理解和上下文分析。利用情感分析,提高机器的"情商",使其更好地理解语义,是语音合成技术未来需要突破的难点。

8.3　在线翻译机

8.3.1　情景展现

1. 拍照翻译

当你拿到一包美味的小零食,想看一下包装说明时,却发现包装说明全是看不懂的外文词汇,你会怎么做?

你可以借助手机中的翻译类应用程序,尝试使用拍照翻译功能解决问题。

2. 文本翻译

你要参加一项国际人工智能大赛,大赛要求用一个英文文档介绍自己的作品及创意,你会怎么做?

如果你已经写好了中文的说明文档,可以自己逐字逐句将其翻译成英文。若是你想借助机器翻译技术的话,还可以打开翻译软件或平台,实现一键翻译。

3. 语音翻译

爸爸有一位外国客户来到了青岛,你作为小主人需要当导游负责带他参观当地景点,可是你的口语水平无法满足你们即时聊天的要求。在人工智能的世界里,你想到了什么? 对,翻译机。

以上 3 个情景体现了机器翻译的基本应用场景,即信息获取为目的场景、信息发布为目的场景、信息交流为目的场景,见表 8-4 所列。

表 8-4　机器翻译的基本应用场景

应用场景	应用目的	具体功能
信息获取为目的场景	字词翻译、海外购物	查询专业词汇或生僻的词
信息发布为目的场景	辅助笔译	写英文摘要、英文文章等
信息交流为目的场景	语言沟通交流	学术交流、旅游交流等

我们能否借助机器翻译技术,实现图8-9所示情景的一键翻译?

图8-9 机器翻译情景

8.3.2 思考探索

机器翻译(Machine Translation),又被称为自动翻译,是利用计算机把一种自然源语言转变为另一种自然目标语言的过程,如图8-10所示,一般是指自然语言之间的句子和全文的翻译。机器翻译是自然语言处理技术的重要应用之一,随着互联网技术的飞速发展,机器翻译成为人类沟通交流的利器。

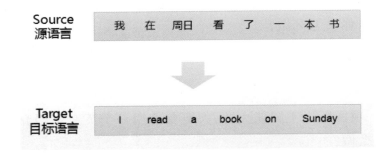

图8-10 机器翻译原理

机器翻译涵盖人工智能、数学、语言学、计算语言学、语音识别及语音合成等多种学科及技术,是一个复杂、庞大、意义重大的系统工程。

机器翻译的基本流程分为3步:预处理、核心翻译、后处理,如图8-11所示。

图8-11 机器翻译的基本流程

8.3.3 实战演练

1. 利用开放平台体验机器翻译

目前,网络上的在线翻译平台很多,比如百度、有道、谷歌、讯飞等,下面让我们来体验一下吧。使用机器翻译完成下面内容的语言翻译,并邀请语言专家核查翻译是否准确。

① 打开浏览器，在地址栏输入百度在线翻译网址（https://fanyi. baidu. com/），如图 8-12 所示。

图 8-12　百度翻译平台

② 选择翻译语言模式。选择自动检测语言，系统自动检测原文。若原文是中文，则默认翻译为英文；若原文是外文，则默认翻译为中文。也可根据实际需要选择匹配的模式。

③ 在录入框中输入"欢迎来到人工智能体验馆，一起体验机器翻译的便利。"（见图 8-13）、古诗《春晓》或其他内容。

④ 查看译文并填写在线翻译体验表（见表 8-5）。

表 8-5　在线翻译体验表

输入内容	机器翻译	人工翻译
欢迎来到人工智能体验馆，一起体验机器翻译的便利。		
春眠不觉晓，处处闻啼鸟。夜来风雨声，花落知多少。		

图 8 - 13　百度翻译

图 8 - 14　语音翻译

2. 利用微信小程序体验机器翻译

打开微信小程序"腾讯翻译君"。

① 在搜索框中输入"欢迎来到人工智能体验馆",查看翻译结果,体验文本翻译。

② 按住下方"麦克风"按钮,分别用中文和英文输入语音,查看翻译结果,体验语音翻译,如图 8 - 14 所示。

③ 找出一本英文书、外文商品的包装纸等,单击小程序上方"照相机"按钮,体验拍照翻译,如图 8 - 15 所示。

8.3.4　拓展延伸

人工智能能听懂婴儿的哭声吗?

婴儿表达需求的主要手段是哭泣。不同的哭声所表达的含义也不同,有经验的养育者可以凭借经验听懂这些差异,然而对于一些新手父母来说,读懂并理解婴儿的哭声却是一件难事。

借助语音翻译技术,机器是否也能够读懂婴儿的哭声呢? 我们是否可以通过录制婴儿的哭声,并建立数据模型,让机器在哭声数据中进行学习,基于机器学习进行不同哭声的判断识别呢?

图 8 - 15　拍照翻译

8.3.5　本节练习

人工智能是否也能识别宠物的不同叫声所表达的含义呢？

8.4　"能说会道"的机器人

8.4.1　情景展现

听与说是人类最自然、最便捷的沟通方式。人类通过耳朵获取周围的声音、辨别声音的信息、感受声音的美妙，同时又通过嘴巴发出声音，让同伴听见自己的声音。我们通过说来描绘概念、表达思想和传递情感。那么，什么样的机器是"会说话"的机器呢？

目前，随着深度学习技术的介入，智能语音技术逐渐成熟。"会说话"的机器在日常生活中的应用越来越广泛，如替人"代言"、电子阅读、车载语音导航、智能客服等。图 8 - 16 所示为"能说会道"的机器人。

8.4.2 思考探索

如何让机器"能说会道"？如果说语音合成技术让机器能够说出人类给定的话，那么，自然语言生成技术就能让机器具备组织语言的能力，让机器也能像人一样侃侃而谈。

我们将机器组织并生成语言的过程称为自然语言生成。它能够将各类资料（包括数据、文本、图片、视频等）处理成人类可以理解的自然语言，类似于一种将资料（一般指数据、规则、专业知识）转换成自然语言表述的翻译器。简单地说，就是"数据进，语言出"。

而自然语言生成的过程主要是解决"说什么"和"怎么说"两个问题，一般可以通过以下 5 个步骤来实现。

① 确定生成内容。这一步的任务是选取信息，即表达什么，筛选出我们想要表达的数据和信息。

② 确定文本结构，即确定内容的呈现顺序和结构。应用领域不同，信息的呈现顺序不同，文本结构也不同。例如，在足球比赛的报道中，一般先给出比赛的基本信息（什么时候，在哪里举行，有多少人参加），然后再给出比分信息。

③ 句子聚合，即把相关的信息整合到句子中的过程。为了使全文更流畅、连贯、完整，有些句子可以合并成一句话。例如，在足球比赛的报道中，某球员 3 次进球的信息就可以整合成一句话，如图 8 - 17 所示。

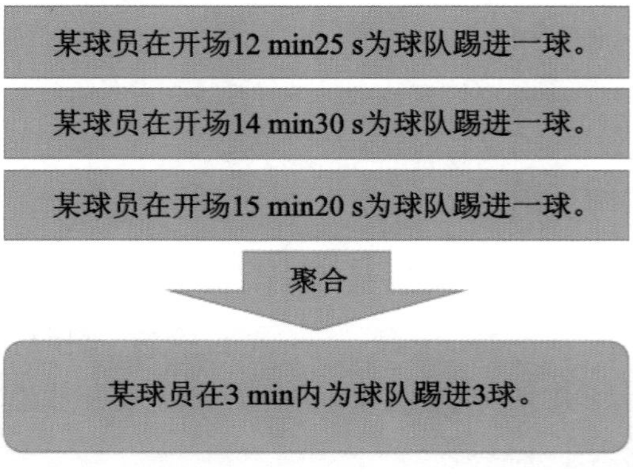

④ 确定用词。同一件事情在自然语言中常常可以用多种词语表达。人类信手拈来的惯用表达，机器却不能即刻理解。例如，足球比赛中的得分可以表示为"进球""球进了""将球踢入网中"……需要让机器找到准确的词语来表达，并将这些词语组合起来。

图 8 - 16 "能说会道"的机器人

某球员在开场12 min25 s为球队踢进一球。

某球员在开场14 min30 s为球队踢进一球。

某球员在开场15 min20 s为球队踢进一球。

聚合

某球员在3 min内为球队踢进3球。

图 8 - 17 句子聚合的示例

⑤ 添加功能词和标点符号。当所有的单词和短语确定后,通常还需要插入合适的功能词(助动词、介词)和标点符号,将词和短语连接成通畅的句子。这个过程的难点在于,功能词和标点符号并没有在输入的数据中给出。例如,一些介词或者助动词没有出现在原始数据中,而是由机器自己生成的。

8.4.3　实战演练

结合我们的日常生活,调研市场上有哪些已经实现人机对话的智能产品,选择一款你感兴趣的产品,说说它的应用价值和存在的不足。结合以下材料,想一想"会说话"的机器还能帮助人类做些什么?

1. 替人"代言"

"会说话"的机器可以为丧失语言功能的人提供必要的帮助。如斯蒂芬·霍金(见图 8 - 18),当代最伟大的物理学家之一,他几乎全身瘫痪,失去说话的能力。后来,一位计算机专家送给他一台内置语音合成器的计算机,霍金通过手的微操控,每分钟大约能给出 15 个单词。此后,在每一次演讲前,他都会事先准备好讲义,然后用语音合成器把内容发表出来。

图 8 - 18　斯蒂芬·霍金

2. 电子阅读

在从传统书籍到电子产品的阅读的基础上,又新增了听书、听小说的阅读方式,它可以缓解眼睛的压力,满足不同人群的特殊需求。如躺在病床上的病人、牙牙学语的孩子、眼睛"老花"的老人等,都可以找到适合自己的智能阅读产品。

3. 语音交互

结合自然语言生成技术,语音合成可以嵌入人机对话系统,提供简单的咨询服务,也可以帮助我们执行搜索查询、快捷操作等指令,如手机语音助手等。语音交互过程如图 8 - 19 所示。

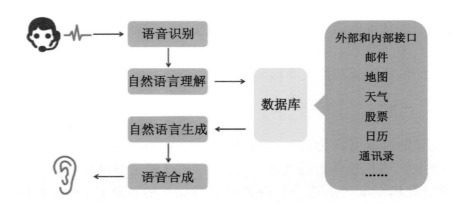

图 8 - 19　语音交互过程示意图

4. 智能客服

智能语音机器人产品遍布各行各业,如银行、医院、社区服务中心的导航机器人,教育行业的早教机器人等。这些机器支持语音、视频等多种交互方式,为大家提供了更便捷、温馨的服务。

8.4.4　拓展延伸

自然语言是我们最快捷的交流方式。当语音识别技术与语义识别技术被突破之后,一个新世界的大门骤然开启。"小度""天猫精灵"等智能音箱产品只是智能语音应用的一个方面,智能语音在医疗、金融、法律、商业等领域都体现出更大价值,如图 8 - 20 所示。智能家居、车载语音、可穿戴设备、VR 设备,甚至是智能机器人……智能语音技术在未来几乎可以无所不至。

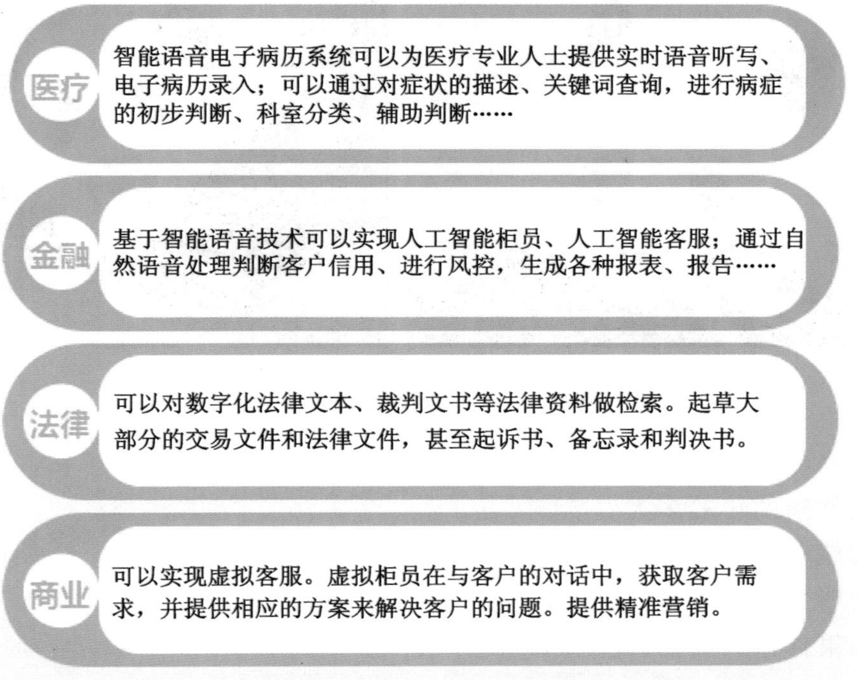

医疗　智能语音电子病历系统可以为医疗专业人士提供实时语音听写、电子病历录入；可以通过对症状的描述、关键词查询，进行病症的初步判断、科室分类、辅助判断……

金融　基于智能语音技术可以实现人工智能柜员、人工智能客服；通过自然语音处理判断客户信用、进行风控，生成各种报表、报告……

法律　可以对数字化法律文本、裁判文书等法律资料做检索。起草大部分的交易文件和法律文件，甚至起诉书、备忘录和判决书。

商业　可以实现虚拟客服。虚拟柜员在与客户的对话中，获取客户需求，并提供相应的方案来解决客户的问题。提供精准营销。

图 8 - 20　智能语音的应用

8.5　小小熊猫配音家

8.5.1　情景展现

　　胖嘟嘟的身体，大大的黑眼圈，慢吞吞的步伐，每天吃吃睡睡，特别可爱。大家猜一猜这是什么动物？它就是我们的国宝——大熊猫。大熊猫以竹子为主食，善于爬树，也喜欢嬉戏。它们每天除去一半进食的时间，剩下的一半时间多数便是在睡梦中度过的。大熊猫性情温顺，可爱且灵活，能够把它们笨重的身体摆成各种各样的姿势，受到大家的喜爱。下面让我们为不同场景的大熊猫（见图 8 - 21）进行人工智能配音。

8.5.2　思考探索

　　要为国宝级的大熊猫配好音可不是一件简单的事情，要考虑多方面的因素：

图 8 - 21　不同场景的大熊猫

① 你要配音的角色是什么？

② 大熊猫的年龄多大？

③ 大熊猫在一个什么样的场景中？

④ 大熊猫此刻在做什么动作？它有什么样的心情？

⑤ 如果你是大熊猫，此刻你想说什么？

……

8.5.3　实战演练

1. 学习使用微信小程序"配音家"

打开微信，搜索小程序"配音家"，单击进入页面。在配音文字处输入需要转成语音的文本，下方可以选择配音员，还可以选择不同配音员的情绪。选择好以后单击"生成语音"，就可以听到效果，如图 8 - 22 所示。

2. 为可爱的熊猫宝宝配音

让我们调整好语音的感情、语速、音量、语调，为可爱的熊猫宝宝配音吧。

配音内容 1（见图 8 - 23）：

解说员角色：小水秀（熊猫宝宝的名字）只有 4 周大，但已经显现出了黑白相间的颜色。它还看不到东西，很脆弱。但天性使然，它已经有了足够大的嗓门，可以把竹林深处的妈妈召唤回来。

小水秀角色：大家好，我叫小水秀，4 周大了，我已经长出了黑白相间的颜色。虽然我现在还看不到东西，有点脆弱，但我有大嗓门。如果我想要找妈妈，就可以把妈妈从竹林深处召唤回来。

图 8-22　小程序"配音家"

图 8-23　熊猫小水秀

配音内容 2(见图 8-24)：

解说员角色：大熊猫的野化训练从出生那一刻就开始了。它们将在接下来的两年里,和母亲生活在一起,接受大自然的考验。母亲依旧是熊猫宝宝生存的关键,一些雌性大熊猫被选中,参与此次任务。

熊猫宝宝:我是熊猫宝宝,我正在和妈妈一起进行野化训练,妈妈把野外生存知识教授给我。可是我现在还很小,需要妈妈照顾的地方很多。我会慢慢长大,努力学习生存知识,争取早日成为一只能够"独立"的熊猫!

熊猫妈妈:我是熊猫妈妈,我的宝宝很可爱,但它有时候也很调皮。我正在教它一些生存的技能,它还需要慢慢历练。每当看到它的一点点进步,我都很开心。不说了,我去照顾宝宝了。

图 8 - 24　熊猫宝宝和熊猫妈妈

8.5.4　拓展延伸

大熊猫野化放归

大熊猫已在地球上生存了至少 800 万年,被誉为"活化石"和"中国国宝",是世界自然基金会的形象大使,也是世界生物多样性保护的旗舰物种。由于人类的盲目活动,使其生境遭到破坏,导致其栖息地面积缩减,种群分割,近亲繁殖,物种退化,数量急剧减少。后来,随着人工繁殖技术的不断进步,初步解决了圈养大熊猫种群的自我维持问题。

大熊猫圈养繁殖的基本目标是建立能自我维持的圈养种群,最终目标是将圈养个体放归野外以重建或复壮野生种群。在圈养大熊猫繁育技术取得长足进步的当下,应该把目光和精力投向大熊猫真正的家园——野外。野化放归是指将圈养的大熊猫经过一定的适应性训练后放归大自然。具有野外生活经验的雌性大熊猫,在基地野外环境生育幼仔,教幼仔学会爬树、觅食、避险等生存本领。幼仔经过培养,成为完全能适应野外生活的亚成体大熊猫后,才正式被放归野外。

8.5.5　本节练习

尝试用 8.3 节中了解到的在线翻译机翻译前面的录音,给大熊猫加上英文配音吧。

8.6　耳听八方——语音交互

8.6.1　情景展现

在偌大的商场里,当你在为寻找某个店铺而束手无策时,导购机器人(见图 8-25)可以为你排忧解难,带你顺利到达指定的地点。在这一过程中,它不仅能选择最优路线,还能机智地躲避障碍物。

图 8-25　导购机器人

8.6.2　思考探索

导购机器人在许多商场早已出现,机器人"小白"也已经进入了千家万户。人机语音交互已不是什么高深莫测的技术,我们每个人都可以体验人机语音交互。

语音交互,实际上就是语音操控。语音操控分为语音识别和语音朗读两部分。

从 WinXP 系统开始,Windows 系统上就已经有语音识别的功能了,可以通过以下方法将其打开。

① 打开控制面板,如图 8-26 所示,双击"轻松访问"选项。

② 单击"启动语音识别"选项,如图 8-27 所示。

8.6.3　实战演练

任务:与机器进行一场大家都非常熟悉的剪刀、石头、布的游戏。

调整计算机的设置   查看方式:

系统和安全
查看您的计算机状态
备份您的计算机
查找并解决问题

用户帐户和家庭安全
添加或删除用户帐户
为所有用户设置家长控制

网络和 Internet
查看网络状态和任务
选择家庭组和共享选项

外观和个性化
更改主题
更改桌面背景
调整屏幕分辨率

硬件和声音
查看设备和打印机
添加设备
连接到投影仪
调整常用移动设置

时钟、语言和区域
更改键盘或其他输入法
更改显示语言

程序
卸载程序

轻松访问
使用 Windows 建议的设置
优化视频显示

图 8 - 26　控制面板界面

控制面板主页

系统和安全
网络和 Internet
硬件和声音
程序
用户帐户和家庭安全
外观和个性化
时钟、语言和区域
● **轻松访问**

轻松访问中心
使用 Windows 建议的设置　│　优化视频显示　│　使用视觉提示代替声音
更改鼠标的工作方式　│　更改键盘的工作方式

语音识别
启动语音识别　│　设置麦克风

图 8 - 27　轻松访问界面

① 开启计算机的语音识别功能。

② 安装 pywin32 模块,安装方法见附录 C。

③ 安装 speech 模块,安装指令如下:

```
pip install speech
```

打开 Python3.7.2 软件,新建一个 Python 文件,输入代码如下:

```
1    # 导入 os、sys、speach、random 模块
2    import os
3    import sys
4    import speech
5    import random
```

```
6    # 定义函数 callback
7    def callback(ziji,jiqi):
8        print(jiqi)
9        if ziji == "剪刀" and jiqi == "布" or ziji == "布" and jiqi == "石头"
10       or ziji == "石头" and jiqi == "剪刀":
11       print("你赢了!")
12       # 语音输出
13       speech.say("你赢了!")
14       if ziji == "剪刀" and jiqi == "石头" or ziji == "布" and jiqi == "剪刀"
15       or ziji == "石头" and jiqi == "布":
16       print("你输了!")
17       speech.say("你输了!")
18       if ziji == "不玩了":
19       # 停止语音识别
20       speech.stoplistening()
21       # 终止程序
22       sys.exit()
23   while True:
24       ziji = speech.input()          # 语音输入
25       speech.say("You said % s" % ziji)
26       print(ziji)
27       jq = random.randrange(1,4,1)     # 随机产生 1~3 的一个整数
28       if jq == 1:
29           jiqi = "剪刀"
30       if jq == 2:
31           jiqi = "石头"
32       if jq == 3:
33           jiqi = "布"
34       # 调用函数 callback
35       callback(ziji,jiqi)
36       print("请继续!")
37       speech.say("请继续")
```

8.6.4　拓展延伸

① 亲身体验(适合会下象棋的体验者):下载中国象棋大师人机博弈单机版,亲身体验与机器对弈。

② 观看体验(适合所有体验者):搜索一些人机对弈的视频进行观看。

8.6.5　本节练习

模仿剪刀、石头、布游戏,编写一个猜数游戏的程序。

有以下两个游戏规则。

① 机器随机产生 0～100 的一个整数 K,让你猜。

② 你输入一个整数 n,若 n 比 K 小,机器语音报出"偏小";若 n 比 K 大,机器语音报出"偏大";若 n 与 K 相等,机器语音报出"太棒了,您猜对了!",游戏结束。

第9章 自动驾驶小车

1913 年,福特公司率先在生产中使用流水线装配汽车,汽车逐渐进入人们的日常生活中。那时的人们或许没有想到,一百多年后的今天,汽车已经可以在道路上自动行驶,不再需要人的操作。伴随着无人驾驶技术的迅猛发展,或许在不久的将来,驾驶员这一称呼会逐渐被人们遗忘。

9.1 让小车动起来

9.1.1 情景展现

从古代的马车在道路上奔跑,到现在的汽车从你眼前飞驰而过,时代的进步、科技的发展、交通工具的改变正日益影响着人们的生活。人们可以使用最新型宝马汽车的遥控器钥匙控制车辆完成前进和后退,从而使人可以提前离开汽车而让车自动开进车库。

9.1.2 思考探索

在本节中,你将与一辆灵敏的虚拟小车进行交互。虽然小车是虚拟的,但是它可以很好地模拟现实生活中车辆前进和后退的模式。所以,你可以像操纵一辆真正的遥控车一样,用你的程序和指令操纵小车。

1. 登录平台,进入实验

登录商汤教育平台,进入"人工智能启蒙(上)"模块第二章第 1 节"小车的行走"实验,如图 9-1 所示。

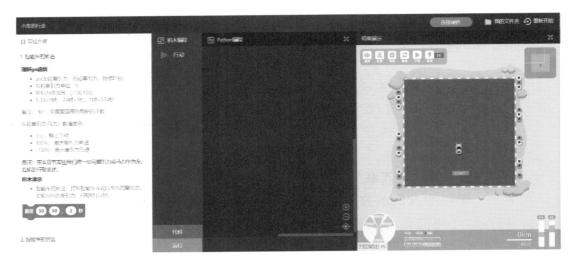

图 9-1　实验——小车的行走

2. 调整参数

请你试着用积木模块让小车动起来,小车的电动机有最大功率。车速越快,小车越难控制,请合理地控制小车的速度。小车前进参数图(从左边数第1个0代表左轮功率;第2个0代表右轮功率;第3个0代表持续时长,单位是秒)如图9-2所示。

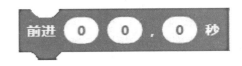

图 9-2　小车前进参数图

你可以分别控制小车的左右轮运动。左右轮功率的取值范围为$-100 \sim 100$,0意味着轮子以0%的功率静止不动,100意味着轮子以100%(最高)的功率前进,而-100意味着轮子以100%的功率后退。先让小车动起来,调整参数模拟车辆进入车库,不断调整这些参数验证效果。

图9-3所示的模块可以实现小车直行,通过平台的实践可知,该模块写成代码为go(75,75,7),参数与参数之间用英文状态下的逗号隔开。

让车快起来,规则是不能碰撞到地图边界。这一关最关键的地方是时间参数的设置,秒数可以精确到小数点后3位。使用平台进行测试,参数设置如图9-4所示。

图 9-3　小车直行参数图

图 9-4　小车快速前进参数图

9.1.3　实战演练

通过编写的程序控制电动小车按照设定的路线(见图 9-5)运行。

① 登录商汤教育平台,控制小车完成直线前进与后退任务(具体登录方式参考 9.1.2 小节思考探索部分)。

② 让通过开发板控制电动机运行搭建的电动小车实现前进与后退任务。

通过开发板控制电动机运行需要首先对电动机的连接引脚定义等进行初始化设置。为了降低项目难度,编者提前对小车电动机进行了初始化设置,并将电动

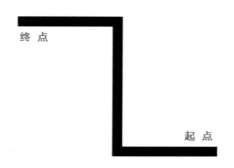

图 9-5　小车运行路线图(1)

机前进、后退、左转、右转、停止等运行状态封装在库文件 car.py 中。编写代码时,只需要在主程序中引用库文件 car.py(import Car from car),便可以很方便地调用这些状态函数。

在开始编写代码前,大家需要记住以下 6 个控制小车运行状态的函数:

```
Car.go(speed)          ♯ 前进
Car.back(speed)        ♯ 后退
Car.stopdj(speed)      ♯ 停止
Car.left(speed)        ♯ 左转
Car.right(speed)       ♯ 右转
pyb.delay(ms)          ♯ 运行时间(ms)
```

下面的代码是让小车以 40 的速度前进 2 000 ms(1 s=1 000 ms,下文都按 s 计算):

```
1   ♯ 以 40 的速度前行 2 s
2   Car.go(40)
3   delay(2000)
4   Car.stopdj()          ♯ 停止
```

注意:在小车运行结束后一定要加上停止函数 Car.stopdj(),让小车停下来,否则小车会一直运行下去。

如下面的代码,本来的目的是让小车先以 100 的速度直行 2 s,再以 40 的速度后退 3 s。但因为最后没有加上停止函数 Car.stopdj(),小车在后退 3 s 后,仍然一直后退,直到电量耗光。

```
1    # 以 100 的速度前行 2 s
2    Car.go(100)
3    delay(2000)
4    # 以 40 的速度后退 3 s
5    Car.back(40)
6    delay(3000)
```

正确的代码：

```
1    # 以 100 的速度前行 2 s
2    Car.go(100)
3    delay(2000)
4    # 以 40 的速度后退 3 s
5    Car.back(40)
6    delay(3000)
7    Car.stopdj()        # 停止
```

小车的运行距离由运行速度（Speed）和运行时间（Time）两个参数决定：

$$运行距离 = 运行速度 \times 运行时间$$

在小车实际运行时，小车的运行状态还与下列因素有关：

（a）地面摩擦力。不同的地面，摩擦力不同。在运行速度和运行时间相同的情况下，小车在不同摩擦力的地面运行时，运行距离也会发生变化。

（b）电池电量。电池电量低时，小车的运行距离会缩短。

（c）小车搭建质量。小车搭建时，螺丝的松紧、零部件安装位置等，都会对小车行驶产生影响。

综上所述，在小车实际运行时，需要考虑各种因素的影响，根据现场情况对代码中的参数进行调整。

打开 Python3.7.2 软件（或其他版本），新建一个 Python 文件，编写代码如下：

```
1    # main.py -- 主程序
2    import pyb
3    from car import Car
4    # 在此处下方调用控制函数实现小车运行
5    # !!! 下面各函数的速度和时间参数仅供参考,须根据场地情况进行调整!!!
6    # **************************************************
7    # 直行
8    Car.go(30)
9    pyb.delay(2200)
10   # 右转
```

```
11  Car.right(30)
12  pyb.delay(2300)
13  # 直行
14  Car.go(30)
15  pyb.delay(2000)
16  # 左转
17  Car.left(30)
18  pyb.delay(2300)
19  # 直行
20  Car.go(30)
21  pyb.delay(2200)
22  # 停止
23  Car.stopdj()
```

9.1.4　拓展延伸

① 将任务地图打印在 A3 纸上,修改主程序 main.py,让小车能够按正方形路线(见图 9-6)逆时针绕行一周。

② 让小车直行该如何调整参数,为什么在参数完全相同的情况下小车并不是完全沿直线行驶?目的是让使用者通过测试知道虚拟平台没有考虑摩擦系数和小车本身构造的问题。实车测试的时候根据小车自身特点要对左右轮的功率输出做出适当调整,功率完全一样,小车并不一定就会沿直线行驶。

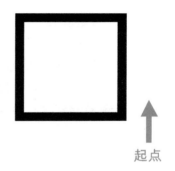

图 9-6　小车运行路线图(2)

9.1.5　本节练习

家用扫地机器人具有自动避障、清扫、自动充电等功能,这主要是应用了信息技术中的(　　)。

A. 人工智能技术

B. 网络技术

C. 多媒体技术

D. 数据管理技术

答案:A。

9.2 让小车实现转向

9.2.1 情景展现

当开车在路上行驶时,我们会发现在大多数情况下道路不是笔直的,路途中还存在转向、掉头等情况,这时候就需要改变车辆的行驶方向。那么什么装置可以让汽车实现转向和掉头呢?汽车的转向系统就是用于完成这样的情况处理的装置。

9.2.2 思考探索

在本节中,你将继续与一辆灵敏的虚拟小车进行交互。虽然小车是虚拟的,但是它可以很好地模拟现实生活中车辆转向的模式。所以,你可以像操纵一辆真正的遥控车一样,用你的程序和指令操纵小车完成各式各样的任务。

登录商汤教育平台,进入"人工智能启蒙(上)"模块第二章第 2 节"智能车的转向"中"小车的转弯"实验,编写程序,调整参数让小车向右转向,如图 9 - 7 所示,该图形化指令用代码指令表示如下:

```
go(50,30,1)
```

图 9 - 7 小车右转前进参数图

该函数中包含了 3 个参数:第 1 个参数表示左轮以 50% 的功率运动,第 2 个参数表示右轮以 30% 的功率运动,第 3 个参数表示行进 1 s。

根据参数描述小车的运行状态:因为左轮功率为 50%,右轮功率为 30%,左轮转速大于右轮转速,所以小车会慢慢偏向右侧。

进行模拟测试,最终实现效果如图 9 - 8 所示。

调整参数让小车向左转向,如图 9 - 9 所示。这一关最关键的地方是时间参数的设置,时间设置过长小车就会冲出场地。使用平台进行测试(使用者根据自己的感性经验设置左右轮的输出参数,根据多次测试设置左转时间),最终实现效果如图 9 - 10 所示。

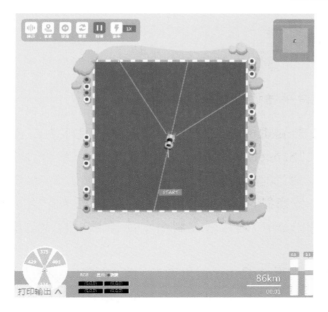

图 9-8　小车右转效果图

图 9-9　小车左转前进参数图

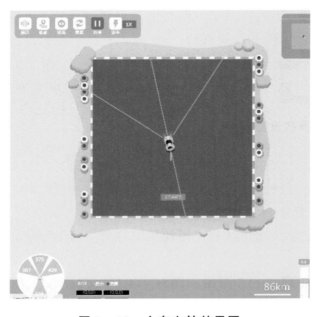

图 9-10　小车左转效果图

9.2.3 实战演练

1. 利用商汤教育平台让小车实现转向

① 登录平台把 SenseRover Mini 小车开起来并且实现左转向。

登录平台，进入"SenseRover Mini 2.0"模块第一章第 2 节"智能车的转向"实验。

使用 Python 进行编程，操纵小车完成左右转向任务。除了直行，小车还能够转向。我们可以使用 turn() 函数来控制小车前排两轮的转动角度，这和家用汽车的转向方式是类似的。

turn() 函数的基本形式是 turn(角度)。例如，turn(30)会使得前轮转向盘舵机(车底朝后)顺时针旋转 30°，从而实现右转；同理，turn(−30)则使得前轮转向盘舵机(车底朝后)逆时针旋转 30°，从而实现左转。转向盘能转动的角度范围为 −35°～35°。

小车在行进的时候，如果转动转向盘来改变前轮的角度，就能够引导小车在前进的过程中产生行进方向的偏移。我们可以利用这一特点，给定小车转向盘的转角，随后提供一个前进的速度，即可达到小车转向的目的。

调整参数让小车向左转向。对比一下控制 Mini 小车的代码和 9.1 节实验中控制虚拟小车的代码，在本节中小车的转向是通过改变前轮的角度实现的，在 9.1 节中小车的转向是通过速度差实现的。

图 9-11 小车前进参数设置

小车前进参数(50 代表左右轮输出的功率为 50%，1 代表持续时长 1 s)设置如图 9-11 所示。让前轮方向盘舵机(车底朝后)逆时针旋转 15°，从而实现左转。代码编辑如下：

```
1    go(50,1)
2    turn(-15)
```

② 登录商汤教育平台让小车按地图行驶。

登录平台，进入"人工智能(上)"模块第二章第 3 节"重复任务与循环结构"实验，如图 9-12 所示。

小车运行地图如图 9-13 所示。图 9-14 所示的图形化指令可以实现小车直行前进到第一个拐弯处，效果图如图 9-15 所示。如果用代码指令编写，则可表示为 go(99,99,2.48)，参数与参数之间用英文状态下的逗号隔开。

图 9 - 12　"重复任务与循环结构"实验

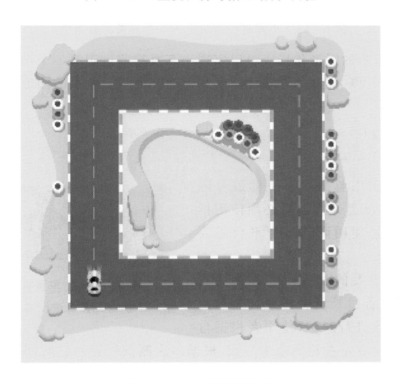

图 9 - 13　小车运行地图

图 9 - 14　小车直行前进到第一个拐弯处参数图

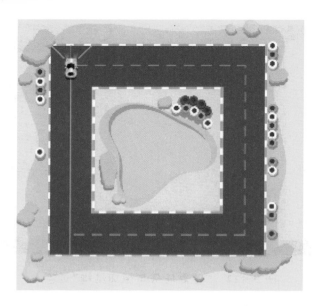

图 9 - 15　小车直行前进到第一个拐弯处效果图

图 9 - 16 所示的图形化指令可以实现小车直行前进到第一个拐弯处并且进行比较精准的右转 90°,效果图如图 9 - 17 所示。图 9 - 16 所示的图形化指令用代码指令表示如下:

```
1    go(99,99,2.48)
2    go(49,(-49),1.334)
```

参数与参数之间用英文状态下的逗号隔开,尤其是速度设置为负数后必须使用括号括起来。这是使用商汤教育平台需要特别注意的地方。

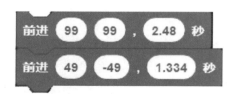

图 9 - 16　小车直行前进到
第一个拐弯处并且进行右转 90°参数图

这一步最重要的是时间和速度的双重把握,时间设置过长就会导致转弯角度过大。使用平台进行测试(使用者根据自己的感性经验设置左右轮的输出参数,根据多次测试设置右转时间),如果小车转向角度过大或者过小,既可以调整时间参数又可以调整速度参数(在商汤教育平台中,小车行进时间可以精确到小数点后面 3 位)。

图 9 - 18 所示的图形化指令可以实现小车直行前进到第一个拐弯处并且进行比较精准的右转 90°,然后直行前进到第二个拐弯处并且进行比较精准的右转 90°,效果图如图 9 - 19 所示。图 9 - 18 所示的图形化指令用代码指令表示如下:

```
1    go(99,99,2.48)
2    go(49,(-49),1.334)
3    go(99,99,2.48)
4    go(49,(-49),1.334)
```

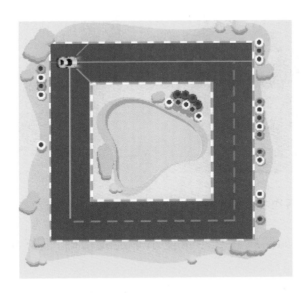

图 9 - 17　小车直行前进到第一个拐弯处并且进行右转 90°效果图

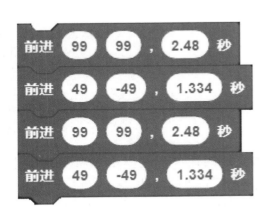

图 9 - 18　小车前进右转 90°过第一个弯道
再前进到达第二个弯道并右转 90°参数图

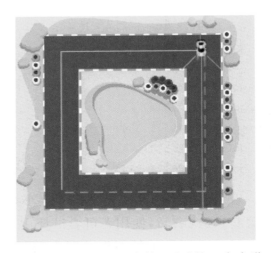

图 9 - 19　小车前进右转 90°过第一个弯道
再前进到达第二个弯道并右转 90°效果图

　　很明显,小车到了第二个拐弯处右转后中间的超声波导引线没有跟路中线对齐,也就是小车需要加大前进距离。因此,第二次直行的速度参数可以调高,也可以将第二次直行的时间参数调高,如图 9 - 20 所示,效果图如图 9 - 21 所示。

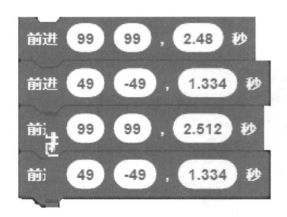

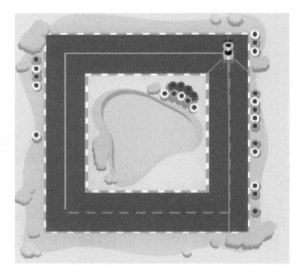

图 9 - 20　两次直行两次右转参数图　　　　图 9 - 21　两次直行两次右转效果图

　　让小车跑完完整的路线并且尽量使小车走线精确,最终实现效果如图 9 - 22 所示。

　　图 9 - 23 所示的图形化指令可以实现小车比较精确地跑完图 9 - 22 所示的路线,该图形化指令用代码指令表示如下:

```
1    go(99,99,2.48)
2    go(49,(-49),1.334)
3    go(99,99,2.512)
4    go(49,(-49),1.334)
5    go(99,99,2.514)
6    go(49,(-49),1.334)
7    go(99,99,2.514)
8    go(49,(-49),1.334)
```

　　③ 简化代码,使用循环指令让小车完成跑完地图任务。根据小车需要进行几次直行、几次右转,使用者可尝试使用循环指令让小车精准走线。

　　图 9 - 24 所示的图形化指令可以实现小车跑完路线,但是很明显其走线不够精确,如图 9 - 25 所示。需要对函数进行微调,将一个流程分成两次循环,再微调前进的速度参数。

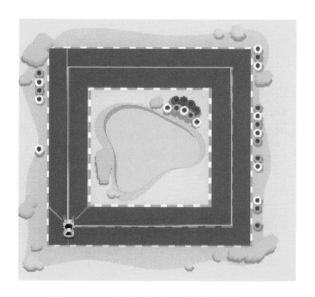

图 9 - 22　小车跑完完整路线效果图

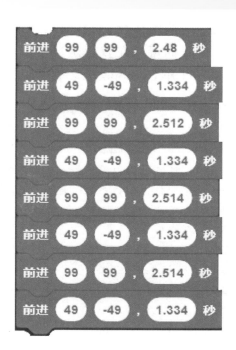

图 9 - 23　小车跑完完整路线参数图

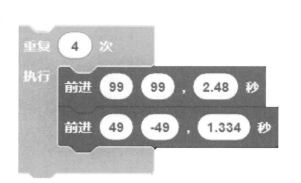

图 9 - 24　使用循环指令让小车
完成跑完地图任务参数图

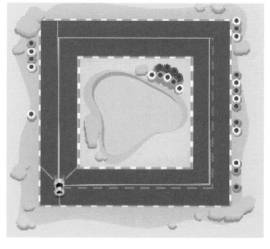

图 9 - 25　使用循环指令让小车
完成跑完地图任务效果图

2. 利用 Python 编程让小车实现转向

在 9.1.3 小节实战演练任务中,我们通过调用库文件 car.py 让电动小车实现前进、后退。在本节任务中,我们先来了解 car.py 中控制小车运行状态的 4 行代码的使用方法,然后在 car.py 中添加小车原地左、右转向的函数,让小车能够按照设定的线路运行,并且使用原地转向的方法实现转向。

我们可以在直行函数 go() 的基础上修改代码,编写出原地转向函数。

打开 Python3.7.2 软件,新建一个 Python 文件,编写代码如下:

```
1    # main.py -- 主程序
2    import pyb
3    from car import Car
4    # 在此处下方调用控制函数实现小车运行
5    # !!! 下面各函数的速度和时间参数仅供参考,须根据场地情况进行调整!!!
6    # ****************************************************
7    # 直行
8    Car.go(30)
9    pyb.delay(2200)
10   # 原地右转
11   Car.spin_right(30)
12   pyb.delay(1700)
13   # 直行
14   Car.go(30)
15   pyb.delay(2000)
16   # 原地左转
17   Car.spin_left(30)
18   pyb.delay(1700)
19   # 直行
20   Car.go(30)
21   pyb.delay(2200)
22   # 停止
23   Car.stopdj()
```

9.2.4 拓展延伸

我们搭建的电动小车,车轮连接电动机,电动机则固定在车身上,所以电动小车的车轮不能摆动,车轮方向固定。要让小车转向,需要通过两个车轮间不同的速度差来实现。

而日常生活中的汽车则是利用另一种方式实现转向的。

普通汽车的前轮可以转动方向,驾驶员通过转动转向盘改变车前轮方向,从而实现转向,如图 9-26 所示。

如果只是单纯通过转向盘控制汽车转向,那么汽车在转向时,两个转向轮的转向角度和速度是一样的。但实际上汽车的转向需要多个零部件的相互配合才能实现,这些零部件共同构成了汽车的转向系统。在转向系统的作用下,汽车转向时两个转向轮的转向角度和速度都是不一样的。

① 内侧转向轮的转向角度 α 大于外侧转向轮的转向角度 β。

② 内侧转向轮的速度 v_1 小于外侧转向轮的速度 v_2。

这能够使汽车顺利转向,并保证汽车在转向过程中各个车轮不出现滑移,增加了汽车的转向安全性。小车左转向原理图如图 9 - 27 所示。

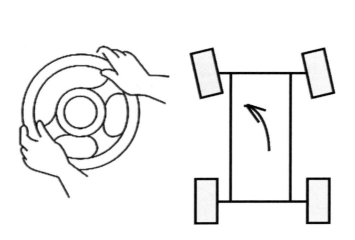

图 9 - 26　驾驶员通过转向盘实现汽车左转向示意图　　　　图 9 - 27　小车左转向原理图

9.2.5　本节练习

现在的车辆拥有了一定程度的自主行驶性能,比如车道保持、主动刹车、自动跟车、交通标志识别,这些功能达到了自动驾驶的哪一个等级(　　)。

A. L1　　　　　　　B. L2　　　　　　　C. L3　　　　　　　D. L4

答案:B。

9.3 智能导航目的地

9.3.1 情景展现

小明同学的家位于青岛市崂山区，周末他们一家人要从张村河小学去青岛世界园艺博览园玩。若不知道路线，可以用手机智能导航来查找，如图 9－28 所示。

9.3.2 思考探索

1. 智能导航

智能导航根据用户选择的地点和实时路况的情况，除了查找出相应的路线外，还根据地点位置的具体情况做出推断或者分析（比如，目的地是在郊区还是在城市商业聚集地，路上的拥堵程度等），给出更加符合路径具体情况的选择建议。导航系统还具备人机交互、语音控制等功能。

图 9－28 导航路线

2. 智能导航的功能

导航首先要有地图，智能导航可以联网查看地图。也就是说，地图的信息都是即时的、最新的，而且智能导航还可以显示出驾车时的实时路线情况（比如途径的哪个地方比较拥堵等），给你提供避开拥堵的路线。

在智能导航上可以下载听歌软件，直接在线搜索并播放歌曲，省去了用 U 盘复制歌曲的麻烦。可以通过声音来控制导航，解放了双手，让驾驶更安全。还可以通过智能导航查看地点的 3D 全景信息，通过智能导航预订酒店或者车票、机票等，为驾驶员和乘客提供更加周全的服务。

智能导航系统分为出行前和出行中：出行前根据用户的出行时间安排，规划好最佳路线；出行中根据实时交通信息推荐避开拥堵的路线，并结合用户偏好提供个性化导航引导。

3. 最优路径的实现

将可以到达目的地的路线都列举出来，计算机通过算法和比较综合考虑时间、拥堵程度、线路长短，选出最优路线。

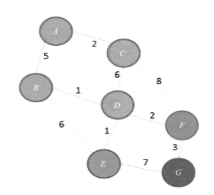

图 9 - 29　寻找最佳路线

9.3.3　实战演练

① 寻找最佳路径。

从 A 点出发，有多条路线可以到达目的地 G 点，如图 9 - 29 所示。如果字母之间的数字表示距离，选择哪一条路线，路程最短；如果字母之间的数字表示时间，选择哪一条路线，用时最短。请你分别找出最佳路径。

② 用街景地图查看你想到达的地点，如图 9 - 30 所示。

③ 当你的出行工具发生变化（如由驾车变为乘坐公共交通工具或由乘坐公共交通工具变为步行等），你该如何重新选择和规划出行路线？可参考图 9 - 31 所示的出行路线选择。

图 9 - 30　街　景

图 9 - 31　出行路线选择

9.3.4 拓展延伸

最优路线的算法思想：从一个地点到另外一个地点会有大量的路线，逐条路线进行计算会消耗大量的时间，这样显然是不合理的。在这种情况下，计算机需要使用特定的算法来更好地完成计算。动态规划是寻路问题的一种常见算法，它的大体思想是将庞大的问题转变为小的问题。

第10章 人工智能的社会责任

"小度,我想看《小猪佩奇》动画片""小度,明天的天气怎么样?"各种智能化的场景展现在我们的生活中,不经意间家用电器(如图 10-1 所示的智能电视)都变得智能化了。智慧校园、空中课堂、红外测温、远程医疗在特殊情况下都发挥了重要的作用,为我们的生活带来了便利;无人零售店(如图 10-2 所示的机器人商店)、智能物流配送、线上线下打通式的购物渠道等已悄然来到我们的身边,提高了我们的工作效率和生活品质。人工智能将我们的梦想变成了现实,在不远的将来,各种各样不断更新的智能系统将带领我们走向智慧生活,进入一个全新的人工智能时代。

图 10-1 智能电视

图 10-2 机器人商店

1. 人机大战带来的思考

我们称当今时代为智能时代。在这个时代,我们将不仅能够创造出自然界不曾有过的实体事物,而且能够在人脑之外创造出类似人类智慧的人工智能。在智能时代,我们甚至可以把部分的智慧工作也交给机器去做。

深蓝战胜国际象棋高手时,我们并不十分吃惊,因为人背棋谱怎能是计算机的对手。而 2016 年,人类与人工智能机器人阿尔法围棋的人机大战(见图 10 - 3)的结果却震惊世界。

为什么? 因为围棋和国际象棋不同,它的背后有所谓的"道",也就是有哲学理念。它要从全局出发,进行十分复杂的判断和选择,而不只是一步步简单计算的累积,这是一个质的飞跃。机器已经具备了人最重要的能力——它已能够学习,它具有了智能。此时,人们开始担忧:人工智能的发展会不会超出人

图 10 - 3　人机大战

类的控制,给人类带来安全隐患? 人工智能会战胜人类吗?

早在 20 世纪 40 年代,一位科幻作家在他的科幻作品《我,机器人》中提出了机器人三大准则。

① 机器人不得危害人类。此外,不可因为疏忽危险的存在而使人类受害。

② 机器人必须服从人类的命令,但若命令违反第①条内容时,则不在此限。

③ 在不违反第①条和第②条内容的情况下,机器人必须保护自己。

你同意这些观点吗? 要更好地运用人工智能,降低潜在安全风险,你认为还可以制订哪些准则?

人工智能技术的发展首先要考虑的是安全,最大的风险是人类对其失去控制,此时人类制造的智能机器人将给人类带来巨大的损失,甚至威胁到人类自身的生存。大数据和算法、算力的飞速发展,使对人工智能安全性的把控力度不断加大,但是人工智能产品难免会有系统漏洞,如果被别有用心的人利用,就会给人们的生命和财产安全带来危害。

人脸识别技术已经在我们的日常生活中被广泛应用,如果开发者在开发产品时没有采用保护隐私的相关技术与措施,会给广大用户带来什么危害呢?

无人驾驶汽车也逐步进入我们的生活,它是利用传感器自主感知车辆周围的环境,通过收集的信息进行路况判断,从而做出正确的反应,选择车辆的行驶速度和方向。那么,无人驾驶汽车会不会碰到两难的境地而做不出选择呢?

因此,我们在设计人工智能产品时要全方位考虑,未雨绸缪,在社会责任、社会道德及法律方面制定相应的规范化管理举措。

2. 人工智能的未来时代

　　未来,随着人工智能技术的不断发展,其应用的领域会越来越广泛。人类会将越来越多的工作交给人工智能去完成,将开启人机共生(见图 10 - 4)的智能时代,人工智能也将会造福于人类。

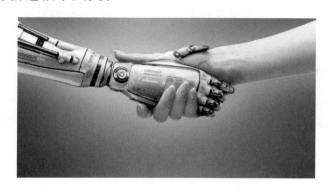

图 10 - 4　人机共生

　　在未来,人工智能将代替人类承担一部分工作。

　　① 不需要社交,只看系统是否更优化高效的工作。如货物分拣(见图 10 - 5)、搬运,财务收银等完全依靠自动化的工作。

图 10 - 5　快递分拣"小黄人"

　　② 人类无法完成的危险工作。如人工智能可以探索外太空(见图 10 - 6)、山海冰河这些人类无法企及的地方,这些领域可以让人工智能协助人类大展身手,人工智能可以让复杂的大数据得到高效的分析与合理的运用,让人们探索到更深层次的知识。

　　③ 以人机合作的方式完成的工作。一部分计算和体力性质的工作由智能机器人来完成,但关键的社交互动部分仍然需要人类承担,如服务员(见图 10 - 7)、

全科医生、警察等。

图 10 - 6　嫦娥四号探测器探测月球

图 10 - 7　机器人服务员

当科技发展以人与自然、人与人、人与社会和谐共生为前提时,才会利于全人类的发展,让我们以积极的心态迎接智能新时代的到来。

本节练习

① 你是怎么理解人机大战的?想一想,人工智能是否会战胜人类?

② 你认为人工智能将存在哪些安全问题?

③ 我们应怎样积极地迎接智能新时代的到来?请发挥你的想象,你认为你的生活将发生哪些改变?

综合实践项目

项目一　裸眼 3D

情景展现

　　随着人们生活水平的提高和对精神生活的不断追求,人们越来越关注自己的视觉感受,2D 显示效果和传统的 3D 显示技术已经不能满足人们对于视觉显示效果的高要求。裸眼 3D 显示技术使人们无须佩戴 3D 眼镜或头盔等外部设备就可感受逼真的立体视觉效果,还可以避免沉浸式体验带来的恶心、眩晕和视觉疲劳等不良反应。它不仅提升了体验舒适度,而且大幅度提高了 3D 立体影像的质量。栩栩如生的视觉体验、活灵活现的视觉效果和强烈震撼的视觉冲击力使得裸眼 3D 影像(见图 1)深受人们的青睐。

图 1　裸眼 3D 影像

思考探索

1. 裸眼 3D

裸眼 3D,顾名思义就是无须佩戴 3D 眼镜或头盔等外部设备,双眼就能直接看见逼真的立体视觉效果的技术。该技术利用双眼具有视差的特性,创造具有空间维度的逼真立体影像,实现画中事物既可以凸出于画面之外,又可以藏于画面之中的视觉假象。

2. 裸眼 3D 应用场景

裸眼 3D 凭借其体验感优、舒适性强、不需要借助眼镜或头盔等辅助设备的优势,在各行各业得到广泛应用,包括休闲娱乐、教育、医疗、遗产保护和军事等领域。随着技术的发展成熟,越来越多的裸眼 3D 产品被设计出来。目前常见的裸眼 3D 产品有裸眼 3D 显示器、Leadpie 裸眼 3D 交互式一体机、裸眼 3D 大屏幕、裸眼 3D 广告机、裸眼 3D 影院和裸眼 3D 游戏,如图 2 所示。

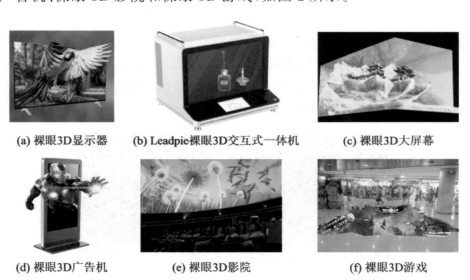

(a) 裸眼3D显示器　　(b) Leadpie裸眼3D交互式一体机　　(c) 裸眼3D大屏幕

(d) 裸眼3D广告机　　(e) 裸眼3D影院　　(f) 裸眼3D游戏

图 2　常见裸眼 3D 产品

3. 探秘裸眼 3D 技术

裸眼 3D 技术已经在商场、机场、地铁站等场所得到广泛应用,裸眼 3D 大屏幕、裸眼 3D 广告机随处可见。我们在享受新科技带来的视觉盛宴的同时,常常也会发出疑问:大屏幕里的宇航员好像真的走了出来,这种视觉上的错觉是怎样产生的?

其实,裸眼 3D 技术的成像原理和人类观察事物成像的原理是一样的。人类双眼观察物体角度不同,因此能辨别远近、深浅,从而产生立体的感觉。裸眼 3D 技术依赖这一原理,通过显示屏的技术性设置,使人们左、右眼接收到不同的画面,在大脑合成后实现立体效果。因此,无须借助任何辅助设备我们就能看到逼真的立体影像。

实战演练

1. 应用 Leadpie 裸眼 3D 交互式一体机观察地球的四季变化

① 开启 Leadpie 裸眼 3D 交互式一体机,并连接实验手柄。

② 打开"地球的四季变化"实验,如图 3 所示。按住手柄圆盘键并向内、外滑动缩小、放大场景,观察地球围绕太阳运动;滑动圆盘键改变角度继续观察地球围绕太阳运动。请你想一想,Leadpie 裸眼 3D 交互式一体机是如何产生立体视觉影像的?

③ 按下手柄扳机键拾取地球,单击小屏的"春季、夏季、秋季、冬季"按钮,查看南北半球的季节。

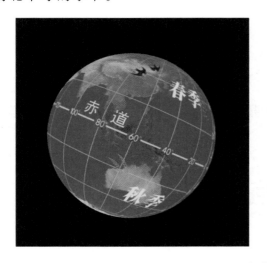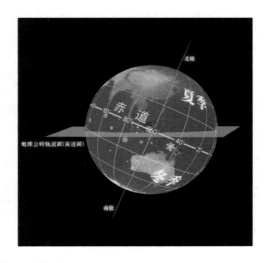

图 3　地球的四季变化

2. 应用 Office-PPT 软件制作 3D 图像

① 开启 Office-PPT 软件,插入图片作为 3D 图像背景,如公路、树木等造型。

② 插入形状→梯形到背景图像,调整梯形大小,依次选择背景图像、梯形进行相交合并。

③ 插入图片作为 3D 图像前景,如人物、动物造型。

④ 将前景图像扣除背景,调整到合适大小。

⑤ 将前景图像移动到梯形图像上,并进行对齐组合,即可制作 3D 图像,如图 4 所示。

图 4　3D 图像作品

拓展延伸

① 搜索一下裸眼 3D 技术还有哪些应用?

② 思考并自己设计裸眼 3D 图像。

本节练习

上网搜索三维图像以及看三维图像的技巧,与家人、朋友进行比赛,比比谁看到的立体图像多。

项目二　无人机+智慧农业

情景展现

随着无人机技术的发展,农业现代化也迎来了崭新局面,越来越多的农业无人机正飞行在田间,如图 5 所示。当农业遇上科技,无人机成为智慧农业时代的新主角,变革正悄然进行。

图5 无人机在田间工作

思考探索

在智慧农业时代,面对农业的转型升级,无人机起到了至关重要的作用。

无人机可以进行肥料播撒作业。无人机可以通过定量器精准控制播撒用量,通过调整定量器的转速就能精准控制亩用量与播撒密度。同时,为了适应多种播撒场景,提高作业灵活性,滚轴式定量器可进行拆卸更换。根据实际播撒需求,选择不同料槽大小的定量器,灵活适应多种播撒场景。

无人机可以进行生物防治。人力喷洒农药存在药液喷洒不均匀且易残留到操作人员身上等不足,从而导致中毒等风险。而无人机可以代替人工进行农药的喷洒,无人机作业全程通过计算机设定操作,比起人工通过经验判断来说,大大提高了精准性,还能减少近一半的农药用量,让农业生产更绿色。

从南到北,多功能农业无人机飞进田间地头,不仅帮助农户用科学的方法轻松种田,获得更大的收益,而且对于改善农业生态环境、促进农业的健康可持续发展也具有重要作用。农业无人机已逐步渗透到播种、施肥、植保等多个环节,颠覆了传统手工和机械劳作方式,打破了粗放式的传统生产模式,转而迈向集约化、精准化、智能化、数据化。智慧农业的时代渐行渐近,种地新模式触手可及。

实战演练

RoboMaster TT 是一款适合小学生编程操控的微型无人机,无须批准就能在50 m 以下空域飞行。RoboMaster TT(见图6)由两部分组成:下部为 Tello EDU

无人机,可以执行飞行命令;上部为扩展模块,它是一块可编程的基于 ESP32 的主控板,里面包含一个 5.8 GWi-Fi 模组。两者通过 MicroUSB 线连接时,激活扩展模块上的 Wi-Fi 模组并可以进行通信。

图 6　RoboMaster TT

对于 RoboMaster TT 来说,可以用实时模式,即通过计算机 Wi-Fi 直接连接 RoboMaster TT 对其进行实时的编程控制。

(1) 准备工作

① 准备一台带无线网卡功能的计算机。

② 准备好 Tello EDU 无人机或 RoboMaster TT。

③ RoboMaster TT 需要恢复扩展模块固件。

④ RoboMaster TT 切换为 AP 模式,使计算机可以连接 Tello EDU 无人机发出的 Wi-Fi。

(2) 开始控制

① 打开 Mind+,切换到"实时模式",在"扩展"中切换到"功能模块"标签,选择加载 RoboMaster TT(单机),如图 7 所示,返回主界面。

图 7　连接微型无人机

② 连接以 RMTT 或 Tello 开头的 Wi-Fi,等待连接成功。连接成功之后显示绿色对勾,如图 8 所示。飞机指示灯紫色(RMTT)或绿色(Tello EDU)闪烁,表示正常连接,即可进行编程和控制。

图 8　连接成功

③ 直接单击积木,或将积木拖出来即可执行程序,如图 9 所示。起桨模式可以让飞机螺旋桨旋转而不飞起来。起飞前要退出起桨模式。

注意:每一条动作程序都会等待动作执行完毕后再进入下一条命令。

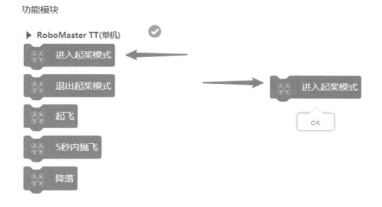

图 9　拖动积木执行程序

下面就将飞机置于空旷、上方无遮挡物的地方,开始进行编程测试吧。

拓展延伸

RoboMaster TT 可以通过移动终端上的 APP 控制,在应用商店搜索下载 Tello EDU APP,如图 10 所示,可以用同样的实时模式通过无线网络操控无人机。Tello EDU APP 可以体验飞行器更多的飞行模式,它拥有实时图传界面和拍照录像功能,能轻松体验航拍乐趣。在 Tello EDU

图 10　Tello EDU APP

APP 中还可设置飞行器参数、升级固件以及校准飞行器。

① 单击左上角连接无人机,通过拖拽积木块进行编程,如图 11 所示,编程后可进行飞行测试。

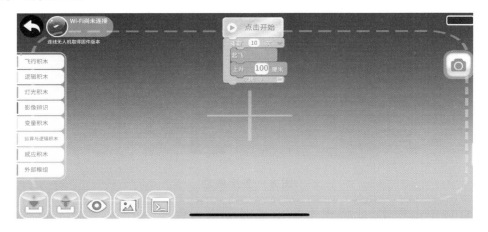

图 11　拖动积木进行编程

② 通过左右两边的手柄操作盘可实时控制无人机,如图 12 所示。

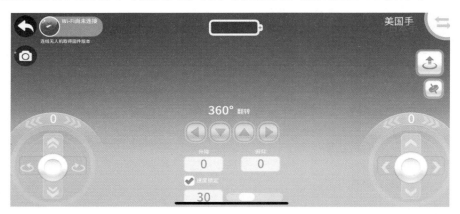

图 12　操纵手柄控制无人机

本节练习

五边飞行是训练飞行员的一种重要课程,其课程内容主要是环绕机场飞行,如图 13 所示。飞行员可从五边飞行中学习起飞、爬升、转向、平飞、下降及降落等重要飞行技巧。学习了本节知识后让我们操控无人机进行五边飞行吧。

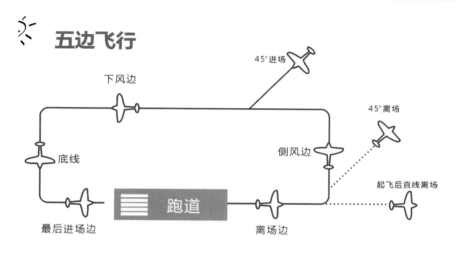

图 13　五边飞行

项目三　创建自己的语音识别库

情景展现

现在的电子产品越来越多,有人喜欢看电子书,比如网络小说。在阅读电子书的时候,你可曾想过作者是如何把自己的文学创作变成电子书的。很多作者都是先手写文字,然后由专人将其整理成电子稿。

思考探索

现在科技进步了,作者可以借助语音识别技术,把想说的话直接转换成电子稿,便于存储、修改、排版。接下来让我们借助讯飞输入法实际操作、体验一下。

实战演练

登录讯飞输入法的官方网站(https://srf.xunfei.cn),下载相应版本的输入法,如图 14 所示。

依照软件提示进行安装,安装完成之后,新建一篇 Word 文档,切换到讯飞输入法的语音输入功能,如图 15 所示。

图 14　下载讯飞输入法

图 15　切换到讯飞输入法的语音输入功能

　　单击"麦克风"图标,开启语音识别功能,以默认的普通话为例进行语音输入。当你背诵一篇古诗的时候,该输入法会将你的声音转换成文字,并且会自动添加标点符号,如图 16 所示。讯飞输入法还可以根据个人的习惯进行设置。如图 17、图 18 所示,单击"设置"按钮,再单击"语音"选项,可以看到在基础设置里面,讯飞输入法很贴心地为使用者提供了各种方言,还可以智能添加标点。

图 16　语音输入一篇古诗

　　在这里我们具体实战操作一下如何进行个性化语音的设置。通过第 5 章的内容可知,语音识别背后有一个庞大的数据库,要根据数据库进行比对,不常用的词条(比如地名、人名、特殊名词)容易被识别错误。为了提高准确率,讯飞输入法

讯飞输入法
无边落木萧萧下，不尽长江滚滚来。

图 17　打开语音输入里面的"设置"按钮

图 18　打开"语音"选项

可以在个性化语音里面添加这些词条。如图 19 所示，单击"添加"按钮，在弹出的添加个人语音词库里面输入词条，比如输入"惠水路新海园米罗湾"，如图 20 所示。当使用语音输入功能发出该词条的读音时，输入法会自动生成"惠水路新海园米罗湾"的文字。

图 19　打开个人语音词库

个性化语音

图 20　添加个人语音词库

除了可以添加个人语音词库外，还可以添加语音个性短语，两者的具体操作大体相同。

拓展延伸

本项目实战演练部分是语音识别的实时转换。随着录音设备的普及，能否使用录音设备先录制一段音频，然后再把音频导入计算机，将该音频转换为文字呢？

项目四　语音播报智能垃圾桶

情景展现

垃圾分类已开展了很长时间，大部分人能正确地进行垃圾分类，但是还有一部分人，尤其是老年人在倒垃圾时经常犹豫不定，生怕倒错了地方。我们已经介绍了人工智能的知识，现在请你想一想，我们能不能设计一款智能垃圾桶，只要我们说出垃圾的名字，相应的垃圾桶就会播报它属于什么垃圾或者是告诉我们它应该被放在哪个颜色的垃圾桶里，这样就可以实现正确的垃圾分类。

思考探索

垃圾分类关系你我他，让我们行动起来，设计一个能与人交互的智能垃圾桶吧。智能垃圾桶设计方案见表 1 所列。

表1 智能垃圾桶设计方案

设计项目	具体内容
垃圾可以分为几类	
智能垃圾桶的功能设计	
智能垃圾桶工作流程图	
智能垃圾桶运用的人工智能技术	

在设计语音播报智能垃圾桶时，我们要明确它要实现的功能，并对其功能进行分解，以确定功能的实现方式，见表2所列。

表2 语音播报智能垃圾桶的功能描述、功能分解及其实现方式

项目名称	内　　容
功能描述	当你对着智能垃圾桶说出"我要扔的垃圾是××"时，智能垃圾桶回答"厨余垃圾、有害垃圾、可回收垃圾、其他垃圾"中的一类，或者回答垃圾桶的颜色（绿色、红色、蓝色、灰色）
功能分解	智能垃圾桶可以识别人说的话，即语音识别；能判断语音中提到的垃圾的名称；能回答出垃圾对应的种类或对应垃圾桶的颜色
功能的实现方式	通过使用Mind+编程，调用语音识别和语音朗读模块，完成智能垃圾桶与人的交互

实战演练

项目设计：

（1）流程设计

根据项目所要实现的功能，将项目设计为不同的模块，如语音输入、语音识别、判断语音内容、文字朗读等模块，明确各模块之间的相互联系，画出流程图，如图21所示。

① 语音输入后，将语音转换为文字并获取文字结果。

② 判断文字中是否含有垃圾名称。

③ 如果在垃圾所属种类的列表中有对应的垃圾名称，则语音朗读其属于哪一类垃圾或者说出垃圾桶的颜色；如果没有相应的垃圾名称，则语音朗读"不知道这是什么垃圾"。

（2）程序编写

根据项目流程图描述的算法，下面用 Mind＋完成项目的程序编写，实现语音播报垃圾分类。

① 安装 Mind＋（下载及安装方法见附录 B）。

② 编写程序并调试。

（a）在扩展模块中选择"网络服务"中的"文字朗读"和"语音识别"模块，如图 22～图 24 所示。

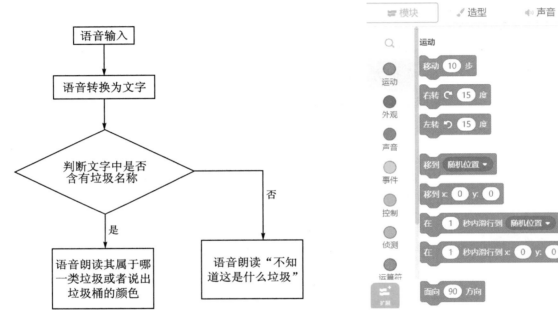

图 21 项目流程图　　　　　　　　　　图 22 Mind＋模块库

图 23 Mind＋网络服务界面

图24　选择了"文字朗读"和"语音识别"的界面

（b）添加好模块后，开始编写程序。新建一个名为识别标记的变量，如图 25 所示，用于区分语音输入的垃圾名称是否在垃圾分类列表中。当输入的垃圾名称没有在垃圾分类列表中时，设置识别标记的值为 0，如图 26 所示；当输入的垃圾名称在垃圾分类列表中时，设置识别标记的值为 1，如图 27 所示。部分程序代码如图 28 所示。

<table>
<tr><td>（a）新建变量指令</td><td>（b）新建识别标记变量</td></tr>
</table>

图25　新建变量指令与新建识别标记变量

图26　设置识别标记的值为 0　　　　**图27　设置识别标记的值为 1**

（c）新建 4 个列表，分别为厨余垃圾、可回收垃圾、其他垃圾、有害垃圾，如图 29 所示。

用指令在 4 个列表中分别加入垃圾名称，如将香蕉皮加入厨余垃圾、将旧纸箱加入可回收垃圾（见图 30）。用相同的方法在 4 个列表中添加多种垃圾名称。在舞台区将显示新建的列表和添加的垃圾名称，如图 31 所示。

（d）语音识别对应的代码，如图 32 所示。利用相同的方法完善其他 3 类垃圾的代码。在垃圾识别的过程中会出现智能垃圾桶识别不了的垃圾，在这种情况下我们可以添加新的垃圾名称，让智能垃圾桶能随时学习。

图 28　部分程序代码　　　　图 29　新建列表

图 30　将旧纸箱加入可回收垃圾

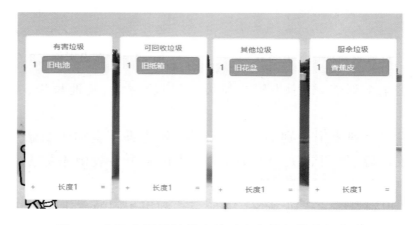

图 31　在舞台区显示新建的列表和添加的垃圾名称

图 32　语音识别代码

（e）新建一个函数，命名为添加新垃圾，如图 33 所示，将新的垃圾名称添加到相应的列表中。

图 33　新建添加新垃圾函数代码

拓展延伸

① 完成一个完整的语音垃圾分类的程序。

② 在这个应用程序中的代码有没有可能实现优化？说一说优化的思路并加以实现。

项目五　垃圾分类机器人

情景展现

人工分拣垃圾真是一个大工程，它需要付出大量的人力才能完成，如图 34 所示。自动分拣垃圾的机器人，如图 35 所示，它能对垃圾进行拍照并将其分类，然后用机械手抓取垃圾放到不同的垃圾桶里，真的太厉害了。你想不想也做一个这样的垃圾分拣机器人呢？

图 34　人工分拣垃圾

图 35　自动分拣垃圾的机器人

思考探索

　　制作垃圾分拣机器人用到的智能化设备叫作机械臂。机械臂在人工智能时代工业生产中起到举足轻重的作用。机械臂可以节省很多人力，实现流水线自动化生产，它越来越多地被工业和现代航空生产所使用。智能化机械臂系统一般由视觉等多个传感器、机械臂组件及主控计算机组成。其中机械臂组件又包括模块化机械臂和灵巧手，如图 36 所示。

灵巧手

模块化机械臂

图 36　机械臂组件

　　与传感器的联合使用，使机械臂更加智能。传感器检测的数据能够为机械臂的运行提供数据；主控计算机通过相关程序获取检测数据并最终决定机械臂的运行与动作的实现；机械臂组件最终完成预期工作。

实战演练

　　我们用不同颜色的色块代表不同种类的垃圾，通过给机械臂编程，让机械臂吸取色块并放到指定位置。

　　本节内容要用到的硬件设备见表 3 所列，相应的实物图如图 37 所示（参照表 3 各项组件）。

表3　硬件组件列表

序　号	名　称	作　用
1	机械臂	可以上下、前后、左右移动,完成各种任务
2	气泵盒	产生吸力的设备,使机械臂可以抓取物块
3	吸盘套件	安装在机械臂末端,和气泵盒一起工作,用于吸取物体
4	机械臂 USB 串口线	自动控制环节用于机械臂与计算机的连接串口线
5	电源线	与电源适配器搭配使用
6	电源适配器	机械臂的电源供电设备

图 37　硬件组件实物图

接下来将从硬件连接和代码编写两部分分别进行介绍。

（1）硬件连接

① 将气泵盒的电源线 SW1 插入机械臂底座背面的 SW1 接口,信号线 GP1 插入 GP1 接口,如图 38 所示。

② 将吸盘套件插入机械臂末端插口中,然后用夹具锁紧螺丝拧紧,如图 39 所示。

图 38　气泵连接图

图 39　吸盘连接图(1)

③ 将气泵盒的气管连接在吸盘的气管接头上,如图 40 所示。

④ 将舵机连接线 GP3 插入小臂接口面板的 GP3 接口,如图 41 所示。

图 40　吸盘连接图(2)

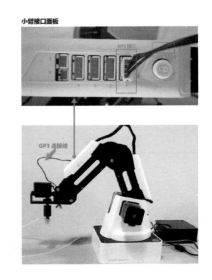

图 41　舵机连接图

⑤ 将电源线与电源适配器连接,电源适配器与机械臂底座的 Power 接口连接,如图 42 所示。

图 42　电源连接图

(2) 代码编写

软件下载路径:https://cn.dobot.cc/downloadcenter/dobot-magician.html,软件下载界面如图 43 所示。

DobotBlock 是越疆全新推出的软件平台,用户可通过拖拽、拼接的方式对机器人和其他 Dobot 硬件设备进行编程、创作游戏和动画,控制机器人的一举一动,学习人工智能,探索更多科技乐趣。其功能界面如图 44 所示。

① 定义两个列表,分别用来存储绿色块的 X、Y、Z 位置坐标和可回收垃圾桶的 X、Y、Z 位置坐标,如图 45 所示。

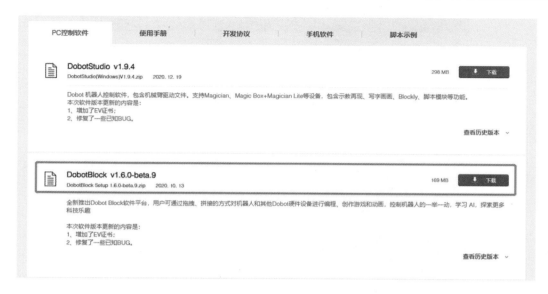

图 43　软件下载界面

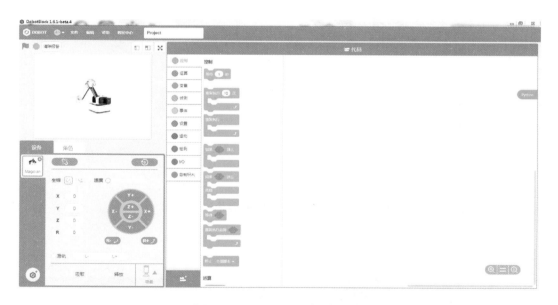

图 44　DobotBlock 软件界面

　　② 按住机械臂的解锁键,将机械臂的吸头放到相应的位置读取位置信息。读取绿色块的位置信息,并将它存储在绿色块列表中;读取可回收垃圾桶的位置信息,并将它存储在可回收垃圾桶列表中,代码如图 46 所示。

　　③ 将绿色块吸取到可回收垃圾桶中,代码如图 47 所示。

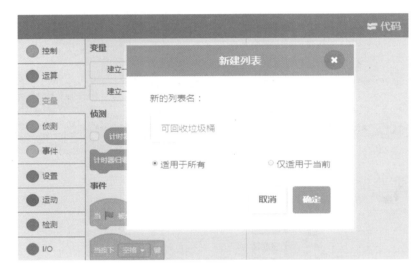

图 45　定义列表界面

图 46　读取位置信息

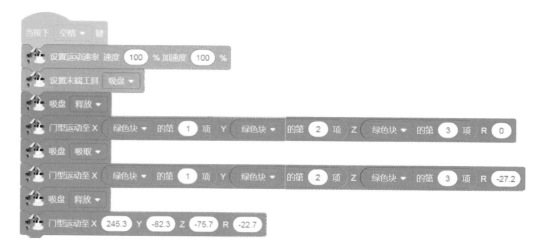

图 47　将绿色块吸取到可回收垃圾桶

拓展延伸

　　如果有红、黄、蓝 3 种颜色的色块要被放到不同的垃圾桶中,需要怎样编程来实现呢?

附录 A   商汤教育平台的安装和使用

① 安装 SenseTime Edu Setup 2.6.0(见图 A-1)。

SenseTime Edu Setup 2.6.0   2021/11/21 10:36   应用程序   254,132 KB

图 A-1   SenseTime Edu Setup 2.6.0

② 打开 SenseTime Edu Setup 2.6.0,在地址栏中输入商汤教育平台地址(https://ai.laoshanedu.com/portal/sign/login),如图 A-2 所示。

③ 如图 A-3 所示,输入用户名、密码,登录平台。

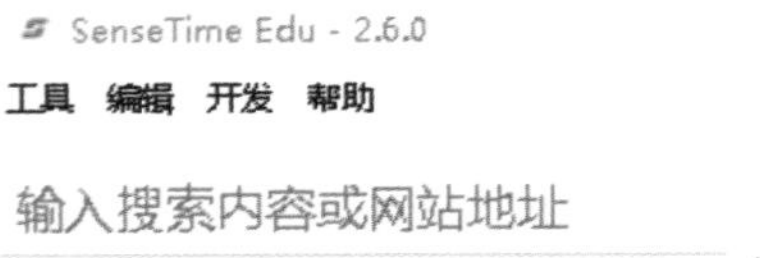

SenseTime Edu - 2.6.0

工具 编辑 开发 帮助

输入搜索内容或网站地址

欢迎登录   中文 ∨

请输入用户名

请输入密码

图 A-2   在地址栏中输入商汤教育平台地址    **图 A-3   登录界面**

④ 选择"人工智能启蒙"课程,如图 A-4 所示。

⑤ 选择"4.04.语音识别"中的实验项目,如图 A-5 所示。

人工智能启蒙

入门   人工智能

共6课时

3.03. 计算机视觉

4.04. 语音识别

【课时内容】课程内容

【实验项目】语音识别

5.05. 机器人与机器人控制

图 A-4   选择课程   **图 A-5   选择实验项目**

⑥ 最后进入语音识别模块，如图 A－6 所示。

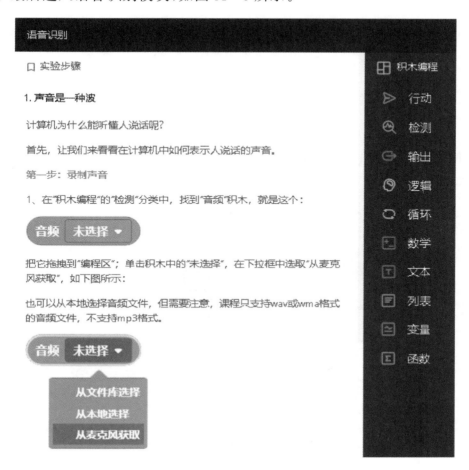

图 A－6　语音识别模块

附录 B Mind+软件的下载和安装

从 Mind+官网(http://mindplus.cc)下载 Mind+软件到计算机中,Mind+下载界面如图 B-1 所示。

图 B-1 Mind+下载界面

双击安装包(见图 B-2)进行安装。第一步选择语言,如图 B-3 所示,单击"OK"按钮继续安装。

图 B-2 Mind+安装包

图 B-3 选择语言

之后根据提示进行安装,如图 B-4 和图 B-5 所示,待进度条走完即安装完成。

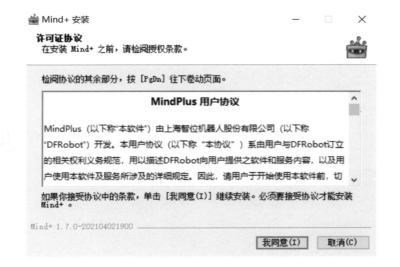

图 B-4　许可证协议

图 B-5　选定安装位置

安装完成后，在桌面上会生成如图 B-6 所示的图标。双击该图标打开 Mind+窗口，如图 B-7 所示。

单击窗口右下角的"背景库"按钮添加背景。如图 B-8 所示，背景库列表中的按钮从上至下依次为上传背景（从本地上传照片）、随机（系统自带背景随机生成）、绘制（自主绘画）、背景库（系统背景库）。根据创作需要选择一种方式，插入背景。

图 B-6　Mind+图标

图 B-7　Mind+窗口

　　单击角色区右下角的"角色库"按钮,打开角色库列表设置角色。如图 B-9 所示,角色库列表中的按钮从上至下依次为上传角色(从本地上传)、随机(系统角色库中随机生成)、绘制(自主创作角色)、角色库(系统角色库)。根据创作的需要,选择合适的方式设置角色。

图 B-8　背景库列表　　　　　　**图 B-9　角色库列表**

附录 C Python 软件及相关模块的下载和安装

C.1 Python 软件的下载和安装

要想使用 Python 进行编程,需要先在计算机上安装 Python。Python 是一款开源软件,可以从 Python 官网(https://www.python.org/downloads)免费下载,如图 C-1 所示。

图 C-1 Python 的网页下载界面

Python 的安装很简单,下载 Python 安装包到本地计算机后,双击安装包,进入 Python 安装向导界面,如图 C-2 所示,选中下方的"Add Python 3.7 to PATH",然后单击"Install Now",使用默认的设置一直单击"下一步"按钮,直到安装完成为止。

Python 安装完成后,便可以在计算机上编写、运行 Python 程序了。编写 Python 代码需要使用编辑代码的软件,IDLE 是 Python 自带的一个集成开发环境,初学者可以利用它方便地创建、运行、测试和调试 Python 程序。在开始菜单的所有程序中找到 Python 3.7 分组,单击下面的 IDLE(Python 3.7 64-bit)选项,如图 C-3 所示,就可以打开 IDLE,如图 C-4 所示。

图 C‑2　Python 的安装向导界面

图 C‑3　Python 3.7 分组

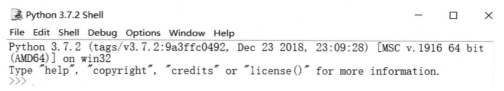

图 C‑4　IDLE 界面

选择 IDLE 界面左上角的 File→New File 菜单项,如图 C‑5 所示,就会打开一个新的窗口,这就是 IDLE 的文件式编程窗口,如图 C‑6 所示。

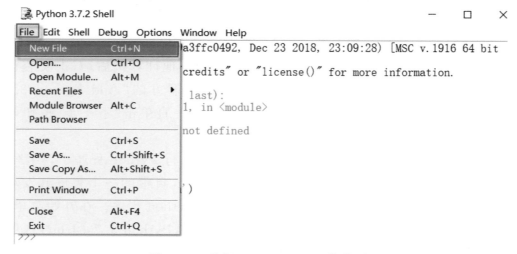

图 C‑5　选择 File→NewFile 菜单项

在文件式编程窗口中能够一次输入多条代码,如图 C - 7 所示。

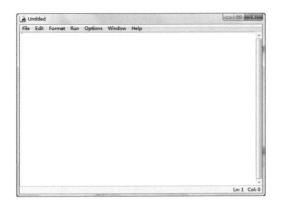

图 C - 6　IDLE 的文件式编程窗口　　　　图 C - 7　在文件式编程窗口中输入代码

代码输入完成后,选择窗口左上角的 File→Save(保存)或者 Save As…(另存为)菜单项来保存完成的文件,如图 C - 8 所示。

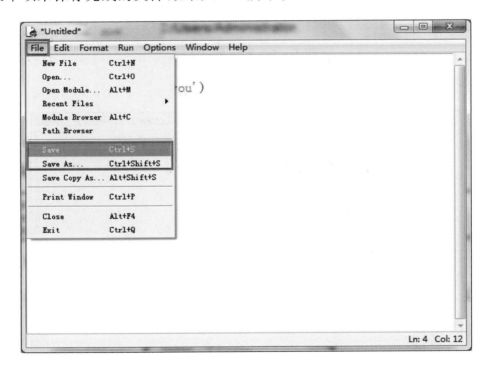

图 C - 8　保存文件的过程

如图 C - 9 所示,在弹出的另存为对话框中,选择保存位置,输入文件名,单击"保存"按钮保存文件。

文件保存成功后,就可以通过选择菜单栏上的 Run(运行)→Run Module(运

图 C-9 另存为对话框

行模块)菜单项来运行程序,如图 C-10 所示。

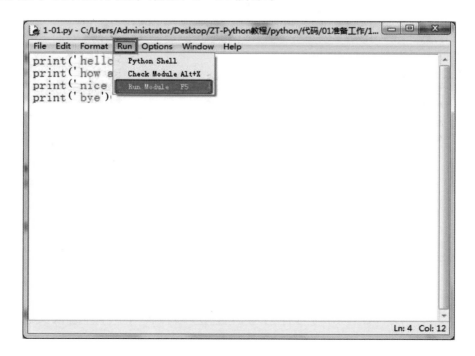

图 C-10 选择 Run→Run Module 菜单项

在交互式窗口中会看到代码运行的结果,如图 C-11 所示。

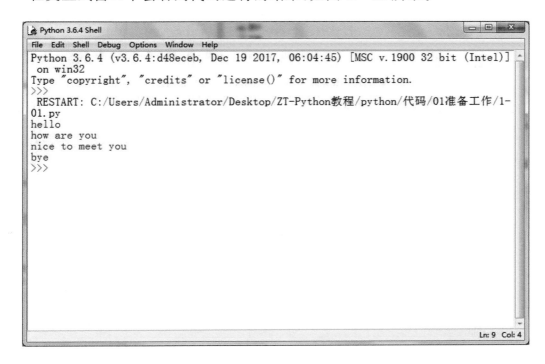

图 C-11 运行结果

保存在计算机中的 Python 文件,以. py 作为扩展名,图标是 Python 标志性的两条蟒蛇,如图 C-12 所示。

图 C-12 保存的 Python 文件

要想再次编辑之前保存的 Python 文件,需要先打开 IDLE,选择窗口左上角的 File→Open(打开)菜单项,找到之前的文件保存路径,打开保存的 Python 文件。

C.2　Python 相关模块的安装

在本书的相关章节中会用到 Python 的相关模块，安装模块如下：

打开运行窗口，如图 C-13 所示，输入"cmd"，单击"确定"按钮。在命令行输入安装指令：

`pip install 模块名称`

如 pip install numpy。

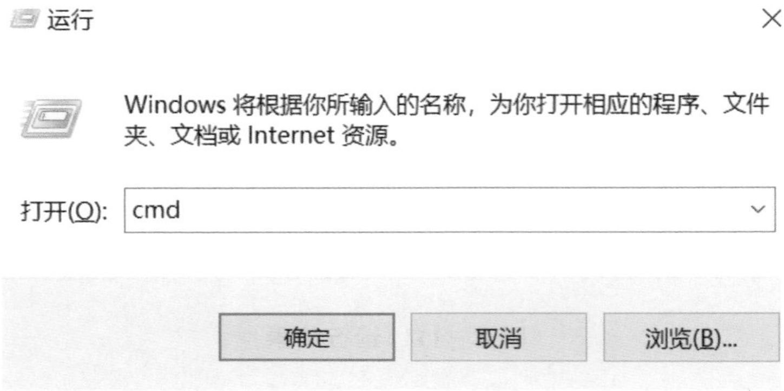

图 C-13　Windows 运行窗口

当然，在安装模块的时候，也可能会出现错误，如图 C-14 所示。

图 C-14　出现错误的界面

问题分析：

图 C-14 中出现错误是由于 pip 版本较低。

解决方法：

在命令行输入指令：

```
pip install − − upgrade pip
```

对 pip 进行升级,如图 C-15 所示。

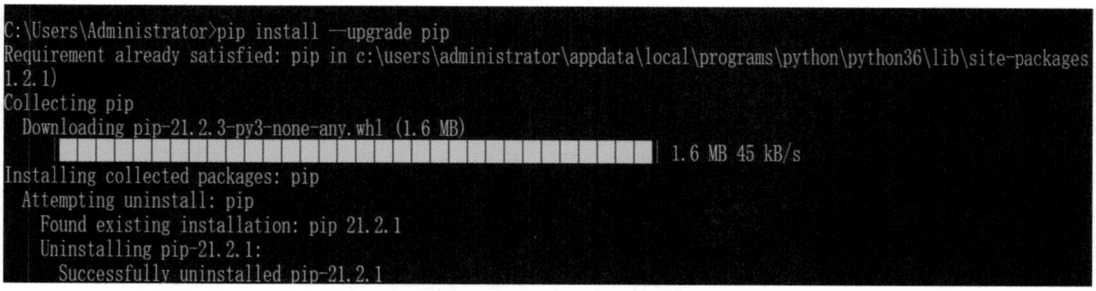

```
C:\Users\Administrator>pip install --upgrade pip
Requirement already satisfied: pip in c:\users\administrator\appdata\local\programs\python\python36\lib\site-packages
1.2.1)
Collecting pip
 Downloading pip-21.2.3-py3-none-any.whl (1.6 MB)
 |████████████████████████████████| 1.6 MB 45 kB/s
Installing collected packages: pip
 Attempting uninstall: pip
  Found existing installation: pip 21.2.1
  Uninstalling pip-21.2.1:
   Successfully uninstalled pip-21.2.1
```

图 C-15　pip 升级的过程

还有一种错误可能是模块下载到一半,界面突然出现一串红色的错误信息。

问题分析:

网络不稳定。

解决方法:

调试网络,然后重新输入安装语句:

```
pip install 模块名称
```

可以多尝试几次。

处理数据的模块 numpy、画图模块 matplotlib 的安装指令分别为 pip install numpy 和 pip install matplotlib。

在 3.1 节中需要调用以上模块。

读取音频文件并将其转化成波形图的完整代码如下:

```
1   import wave
2   import numpy as np
3   import matplotlib.pyplot as plt
4   ♯读取音频文件
5   a = wave.open('0.wav')
6   ♯读取音频数据
7   nf = a.getnframes()        ♯ 返回音频的帧数
8   data = a.readframes(nf)      ♯ 返回的是二进制数据(一大堆 bytes)
9   w = np.fromstring(data,dtype = np.int16)      ♯ 将读取的二进制数据转换为一个可
                                                    以计算的数组
10  ♯ 除以最大值,使得所有的数字介于 −1~1
11  w = w * 1.0 / (max(abs(w)))
12  ♯ 绘制波形图
```

```
13    plt.plot(w,c = 'g')
14    plt.savefig('0.png')
15    plt.show()
```

快速安装 pywin32 扩展库,安装指令为 pip install pywin32,在 5.3 节中需要调用此模块。

快速安装 speech 模块,安装指令为 pip install speech,在 5.3 节、8.6 节中需要调用此模块。

C.3　OpenCV2 模块的安装

以管理员身份运行 cmd,依次输入以下命令:

```
pip install --upgrade setuptools
pip install opencv2-python
```

如果下载中间出现 error 或 wrong,重新输入命令即可。

安装验证:

以管理员身份运行 cmd,输入以下命令:

```
pip list
```

该命令可以查看在本机中安装的 Python 模块,如果其中有 OpenCV2-Python,则 OpenCV2 模块安装成功。

numpy、os 库的安装指令如下:

```
pip install numpy
pip install os
```

调用 Python 采集人脸信息的程序代码如下:

```
1    import cv2,numpy,os
2    #创建人脸检测器和识别器
3    labels,faces = [],[]
4    file = 'lbpcascade_frontalface_improved.xml'
5    face_cascade = cv2.CascadeClassifier(file)
6    recognizer = cv2.face.LBPHFaceRecognizer_create()
7    def detect_face(image):
8        '''检测人脸区域'''
9        gray = cv2.cvtColor(image,cv2.COLOR_BGR2GRAY)
```

```
10        faces = face_cascade.detectMultiScale(gray,1.2,5,minSize = (20,20))
11        if (len(faces) == 0):
12            return None
13        (x,y,w,h) = faces[0]
14        return gray[y:y + w,x:x + h]
15  def read_face(label,images_path):
16        ''' 读取人脸图像 '''
17        print('training:',label,images_path)
18        files = os.listdir(images_path)
19        for file in files:
20            if file.startswith('.'):
21                continue
22            # 从文件中读取图像
23            image = cv2.imread(images_path + '/' + file)
24            # 检测图像中的人脸区域
25            face = detect_face(image)
26            if face is not None:
27                face = cv2.resize(face,(256,256))
28                faces.append(face)
29            labels.append(label)
30  if __name__ == '__main__':
31      # 读取人脸图像
32      read_face(1,'training/spider_man/')
33      # 训练人脸识别器
34      recognizer.train(faces,numpy.array(labels))
35      # 保存人脸特征数据
36      recognizer.save('trainer.yml')
```

C.4　7.2.5 本节练习②的答案

准备工作：

到网站（https://pypi.org/project/numpy/＃files，https://www.lfd.uci.edu/～gohlke/pythonlibs，https://pypi.org/project/opencv-contrib-python/3.2.0.7/＃files，https://pypi.org/project/Pillow，https://pypi.org/project/pyttsx3/2.71）下载对应的文件。

把下载的文件 numpy-1.16.4-cp36-cp36m-win_amd64.whl，opencv_python-

4. 1. 0. 25-cp36-cp36m-win_amd64. whl,opencv_contrib_python-4. 1. 0. 25-cp36-cp36m-win_amd64. whl,Pillow-7. 2. 0-cp36-cp36m-win_amd64. whl,pyttsx3-2. 71-py3-none-any. whl 都复制到 C:\Users\lenovo\AppData\Local\Programs\Python\Python36\Scripts(C 为盘符,lenovo 为计算机的名称,根据实际情况更换)目录中。

注意:以上所准备的材料都是 Win7 64 位、Python3. 6 环境下的(其他环境下文件会相应地变化)。

安装步骤:

① 安装 Python36。

② 进入 DOS 状态。

③ 进入 C:\Users\lenovo\AppData\Local\Programs\Python\Python36\Scripts 目录下。

④ 输入 pip install numpy-1. 16. 4-cp36-cp36m-win_amd64. whl 并按回车键。

若提示需要升级 pip,可以操作如下:

(a) 进入 C:\Users\ lenovo \AppData\Local\Programs\Python\Python36。

(b) 输入代码 python -m pip install --upgrade pip 并按回车键。若失败,可将代码改为 python -m pip install --upgrade pip-i https://pypi. douban. com/simple。

⑤ 输入 pip install opencv_python-4. 1. 0. 25-cp36-cp36m-win_amd64. whl 并按回车键。

⑥ 输入 pip install opencv_contrib_python-4. 1. 0. 25-cp36-cp36m-win_amd64. whl 并按回车键。

⑦ 输入 pip install Pillow-7. 2. 0-cp36-cp36m-win_amd64. whl 并按回车键。

至此,可以实现视频检测人脸,并识别是谁。

⑧ 输入 pip install pyttsx3-2. 71-py3-none-any. whl 并按回车键。

至此,可以语音报出识别的结果。

验证奇迹:

打开附带的"人脸识别实战体验"文件夹,运行"人脸识别实战体验. exe",输入参与人数,以及对应的姓名。

这是一个利用采集的人脸图像进行建模的程序,由于采集图像数量有限,识别率不是很高,仅限于理解、体验。图片放置在 e:\face_data 下。